餐桌上的生軟歐麵包

林育瑋 著

不僅是食物，更是一種生活藝術

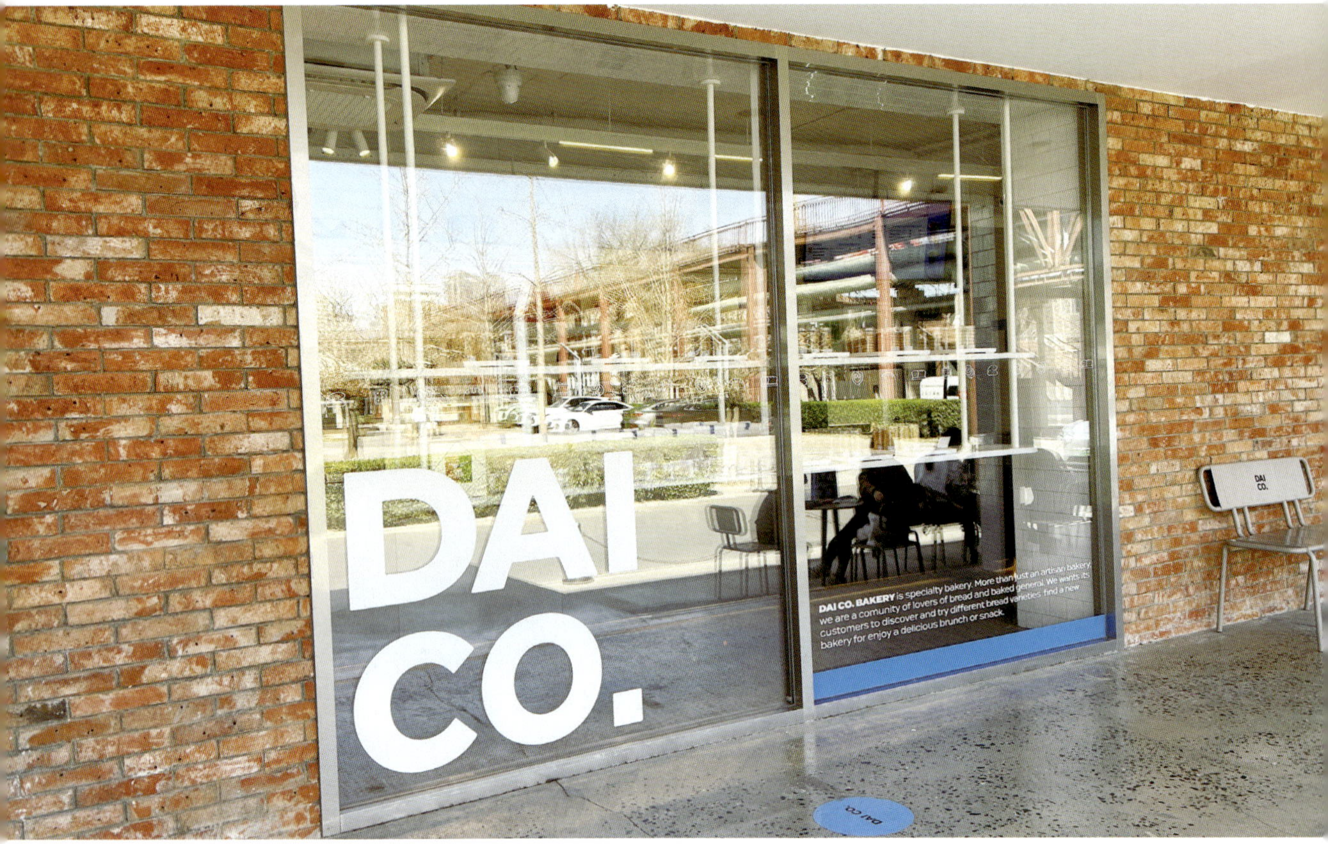
DAI
CO.
DAI CO. BAKERY is specialty bakery. More than just an artisan bakery, we are a comunity of lovers of bread and baked general. We wants its customers to discover and try different bread varieties. find a new bakery for enjoy a delicious brunch or snack.

DAI CO. BAKERY
¥18

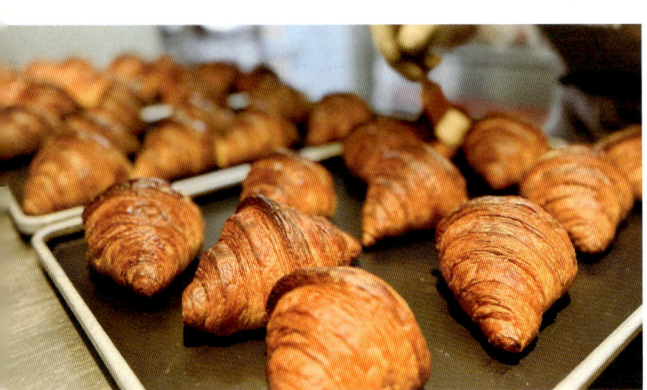

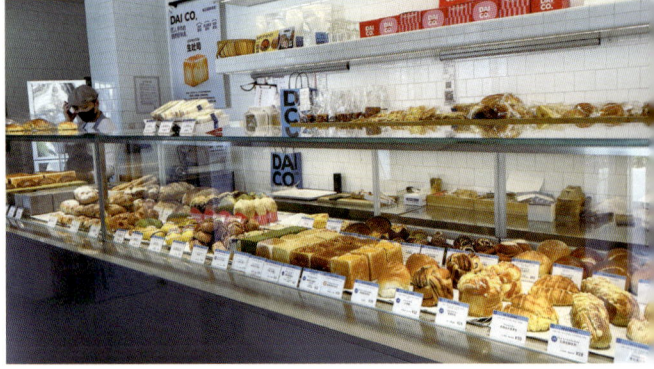

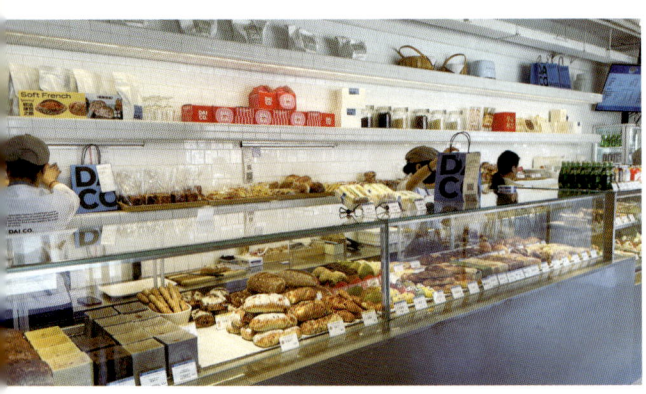

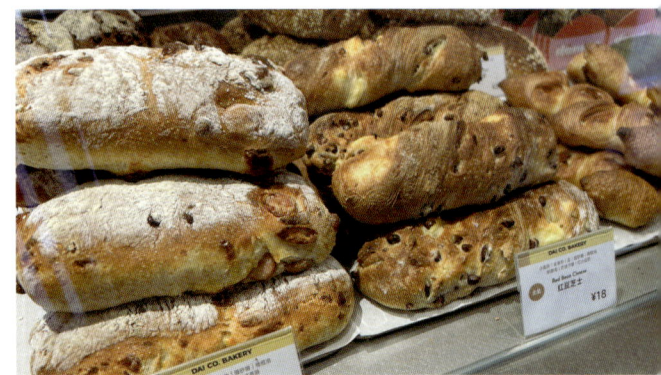

/ 作者序 *preface* /

始終相信"以心傳心"的力量

林育瑋

　　在這個快節奏的時代，烘焙似乎成了一種奢侈的享受。但對我而言，烘焙不僅僅是一種技能，更是一種生活的態度，一種傳遞愛與溫暖的方式。今天，我有幸將這份熱愛與執著凝聚成圖文字，與大家分享我的烘焙故事和心得。

　　回望我的烘焙之路，從最初對烘焙的懵懂好奇，到成為麵包學徒的艱辛歲月，每一步都充滿了挑戰與成長。這些經歷不僅塑造了我作為麵包師的技藝，更賦予了我對烘焙的深刻理解和獨特見解。

　　在烘焙的世界裡，我始終相信"以心傳心"的力量。每一個麵團，每一次發酵，每一次烘烤，都需要我們用心去感知、去呵護。只有當我們真正投入情感，才能賦予麵包生命，讓它成為傳遞愛與溫暖的使者。

　　這本書中，我分享了一系列經典的軟歐麵包製作方法和技巧，還有吐司 貝果系列的麵包。我希望通過這些內容，能夠幫助讀者更好掌握烘焙的精髓，從而製作出既美味又富有情感的麵包。

　　同時，我也希望通過這本書，能夠激發更多人對烘焙的興趣和熱愛。烘焙不僅僅是一種技藝的傳承，更是一種文化的傳播。我希望通過我的努力，能夠讓更多的人感受到烘焙的魅力，讓烘焙成為他們生活中的一部分。

/ 推薦序 foreword /

勤能補拙

趙向璽

　　作為在烘焙行業工作 26 年的我，看到麵包的長足進步和發展，產品從 2000 年前的品類單一和同質化嚴重到現在的創新與自信，這些都離不開烘焙人兢兢業業的辛苦和努力，更是給我們消費者帶來健康麵包產品。

　　這次育瑋老師的書籍就是給烘焙行業、烘焙人和創業者分享更多消費者喜歡和理解的麵包作品，能夠進一步推動和夯實麵包大市場的進步與發展。敬畏這個行業保持創新才能讓我們走的更遠更強。

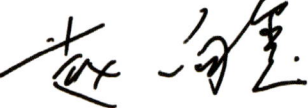

韓焙科技 負責人 趙向璽

/ 推薦序 foreword /

精進無懈怠

廖啟亨

　　緣起 2004 年，在寶春師傅引薦下認識育瑋師傅，第一印象高挺帥氣、惜字如金，在康久菓子工坊共事 6 年餘，在這期間只要有講習會、展覽，告訴育瑋師傅一定要不斷的學習、充電。漸漸看見育瑋的蛻變，不論在技術、觀念、毅力、態度、表達，精進無懈怠，也常分享，從事烘焙業本來就非常辛苦，每天早出晚歸體力耗盡，但身為一位職人，必須用生命去捍衛你的尊嚴，就算不吃、不喝、不睡也要把麵包做到極致的態度。

　　憶在 2010 年 10 月，時任美國加州葡萄乾在台協會周小姐邀請下，鼓勵育瑋師傅參加 2011 年全台的台式四大天王麵包大賽！育瑋師傅脫穎而出，勇奪冠軍，贏來莫大殊榮在一夕之間爆紅。冠軍是如此的重要與光榮，但別忘了一路支持我們的烘焙前輩們的提攜。

康久菓子工坊 負責人 廖啟亨

/ 推薦序 foreword /

將麵包昇華成為一種
新興的餐食文化

吳恩龍

　　當第一縷麵包香氣從烤箱中溢出的瞬間，你會突然理解：為什麼一塊好吃的麵包能同時喚醒味蕾與靈魂？這不是一本單純的烘焙指南，而是一場由麵粉、酵母、水與時間共同演繹的"生命演化"。

　　臺灣著名的專業麵包職人 - 林育瑋老師首度公開麵包的生命奧秘，書中不藏私的解析麵團、發酵、烘烤，將麵包昇華成為一種新興的餐食文化。

　　無論是烘焙新手想創造第一顆會呼吸的麵包，或是麵包職人追求極致風味層次，這本書籍都將成為你廚房裡最溫暖的靈感光源。現在就翻開書籍，讓指尖傳遞麵粉溫度，讓烤箱亮起溫暖的光芒 - 所謂的生活藝術，正是從揉捏一團會呼吸的麵包開始。

王森冠軍聯盟成員
蘇州焙融資訊科技有限公司
技術總監 吳恩龍

/ 推薦序 foreword /

為烘焙行業
注入新的元素與光彩

趙騰

　　麵包師傅最重要的就是精神，做出一個麵包很簡單，但要做出會讓人心動的麵包不容易也有種幸福感。麵包對於消費者，從早期的副食品慢慢地提升為主食品，不管早、中、晚餐，一個麵包就能飽餐一頓。有幸結識育瑋師傅，他為人誠懇，細心的回答著每一位學員的問題。從他身上我學到了很多，不論是關於麵包知識或是為人處事，是一位我非常景仰的前輩。

　　此書的出版，會讓烘焙再度發光發熱，為烘焙行業注入新的元素與光彩。

北京大山良倉餐飲管理有限公司
烘焙經理 趙騰

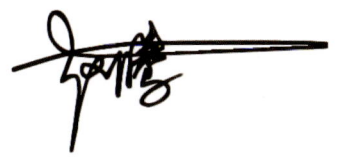

目錄 Content

8	**前置作業**	Preliminary Preparation
10	老麵	Sourdough Starter
10	湯種	Tangzhong Starter
11	咖啡酥皮	Coffee Crumble Pastry
11	抹茶酥皮	Matcha Crumble Pastry
12	糖漬橙片	Candied Orange Peel
12	黑巧杏仁醬	Dark Chocolate Almond Spread
13	蘋果餡	Apple Filling
13	焦糖醬	Caramel Sauce
14	奶油餅乾皮餡	Butter Cookie Crust Filling
14	奶酥餡	Buttercream
15	開心果杏仁奶油	Pistachio Almond Cream
15	鹼水	Lye Water
16	**全麥生軟歐包**	Whole Wheat Soft European Bread
18	全麥生軟歐包麵團	Whole Wheat Soft European Bread Dough
20	莓果乳酪麵包	Berry Cheese Bread
24	栗子乳酪麵包	Chestnut Cheese Bread
28	藍莓黑巧麵包	Blueberry Dark Chocolate Bread
32	海鹽焦糖堅果麵包	Sea Salt Caramel Nut Bread
36	培根核桃麵包	Bacon Walnut Bread
40	奶酥肉鬆麵包	Buttercream Dried Pork Floss Bread
42	**紅茶生軟歐包**	Red Tea Soft European Bread
44	紅茶生軟歐包麵團	Red Tea Soft European Bread Dough
46	紅茶奶酥麵包	Red Tea Buttercream Bread
48	紅茶栗子麵包	Red Tea Chestnut Bread
50	紅茶黑巧麵包	Red Tea Dark Chocolate Bread
52	紅茶開心果麵包	Red Tea Pistachio Bread
54	紅茶香橙麵包	Red Tea Orange Bread
56	**黑巧生軟歐包**	Dark Chocolate Soft European Bread
58	黑巧生軟歐包麵團	Dark Chocolate Soft European Bread Dough
60	黑巧馬里歐麵包	Dark Chocolate Mario Bread
64	黑巧無花果麵包	Dark Chocolate Fig Bread
66	黑巧肉桂蘋果麵包	Dark Chocolate Cinnamon Apple Bread
70	黑巧核桃麵包	Dark Chocolate Walnut Bread
74	黑巧芝麻麵包	Dark Chocolate Sesame Bread

76	**奶香生軟歐包**	Soft European Bread
78	奶香生軟歐包麵團	Soft European Bread Dough
80	洋芋黃油火腿麵包	Potato Butter Ham Bread
84	芝士培根麵包	Cheese Bacon Bread
86	煉乳黃油麵包	Condensed Milk Butter Bread
88	黑松露麵包	Black Truffle Bread
90	芝士大咖麵包	Cheese Bread
92	**生煎鹽卷麵包**	Salt Roll Bread
94	生煎鹽卷麵團	Salt Roll Dough
96	生煎鹽卷麵包	Salt Roll Bread
98	黑松露鹽卷麵包	Black Truffle Salt Roll Bread
100	咖啡鹽卷麵包	Coffee Salt Roll Bread
102	紅豆鹽卷麵包	Red Bean Salt Roll Bread
104	黑巧鹽卷麵包	Dark Chocolate Salt Roll Bread
106	抹茶栗子鹽卷麵包	Matcha Chestnut Salt Roll Bread
108	**軟貝果**	Soft Bagel
110	軟貝果麵團	Soft Bagel Dough
112	洋蔥芝士貝果	Onion Cheese Bagel
116	金沙奶酥貝果	Salted Egg Yolk Buttercream Bagel
120	黑巧香橙貝果	Dark Chocolate Orange Bagel
124	奶油芝士貝果	Cream Cheese Bagel
128	墨西哥脆腸貝果	Mexican Crispy Sausage Bagel
132	美式玉米芝士貝果	American Corn Cheese Bagel
136	番茄芝士貝果	Tomato Cheese Bagel
140	**吐司**	Bread
142	生吐司麵團	Soft White Bread Dough
144	生吐司	Soft White Bread
146	黑橄欖奶酪吐司	Black Olive Cheese Bread
148	芋泥鹹蛋黃吐司	Taro Salted Egg Yolk Bread
150	紅豆肉鬆吐司	Red Bean Dried Pork Floss Bread
152	肉桂無花果吐司	Cinnamon Fig Bread
156	法式脆皮吐司	French Crispy Bread
160	布里歐吐司	Brioche Bread
164	**軟鹼水麵包**	Soft Pretzel
166	軟鹼水麵包麵團	Soft Pretzel Dough
168	杏仁開心果鹼水麵包	Almond Pistachio Pretzel
170	紅豆鹼水麵包	Red Bean Pretzel
172	火腿芝士鹼水麵包	Ham Cheese Pretzel
174	黃油奶酪鹼水麵包	Butter Cheese Pretzel

前置作業

Preliminary Preparation

9

老麵
Sourdough Starter

中心溫度	24°C
基本發酵	60 分鐘、冷藏保存

材料	公克
法式粉	100
低糖乾酵母粉	0.5
水	70
合計	170.5

①將所有材料混合均勻,麵團溫度 24℃,進行基本發酵 60 分鐘,放冷藏保存。

湯種
Tangzhong Starter

中心溫度	55°C
基本發酵	冷卻後冷藏保存

材料	公克
高筋麵粉	100
熱水	110
合計	210

①將所有材料混合均勻,麵團溫度 55℃,冷卻後冷藏保存。

/ 前置作業　*Preliminary Preparation* /

咖啡酥皮
Coffee Crumble Pastry

保存方式	冷藏可保存 1 週

材料	公克
無鹽奶油	200
鹽	4
濃縮咖啡粉	20
水	10
細砂糖	160
全蛋	100
低筋麵粉	200
合計	**694**

①將無鹽奶油、鹽放入鍋中，加熱融化攪拌均勻。

②加入濃縮咖啡粉和水，攪拌均勻。

③再依序加入細砂糖、全蛋拌均勻。

④最後加入過篩後的低筋麵粉攪拌均勻，裝入擠花袋中，冷藏保存，使用前 1 小時取出退冰。

抹茶酥皮
Matcha Crumble Pastry

保存方式	冷藏可保存 1 週

材料	公克
無鹽奶油	100
細砂糖	100
全蛋液	100
杏仁粉	100
抹茶粉	5
合計	**405**

①將無鹽奶油、細砂糖放入鍋中攪拌均勻。

②分次加入全蛋液拌均勻。

③再加入杏仁粉、抹茶粉拌均勻，裝入擠花袋中，冷藏保存，使用前 1 小時取出退冰。

糖漬橙片
Candied Orange Peel

保存方式	冷藏可保存 1 週

材料	公克
新鮮香橙	3 顆
細砂糖	100
純淨水	100
合計	**200**

①新鮮香橙洗淨後切片，厚度約 0.4 公分。

②切片香橙片放入鍋中，加水蓋過，上爐煮沸後濾掉水，重複煮三次，每次都要換水。

③此步驟可以將香橙片的苦澀味去除。

④另取一個鍋子，將細砂糖、純淨水放入，加熱煮成糖水。

⑤將去除苦澀味的橙片浸泡在糖水中，24 小時後即可使用，冷藏保存。

黑巧杏仁醬
Dark Chocolate Almond Spread

保存方式	冷藏可保存 1 週

材料	公克
糖粉	120
杏仁粉	100
可可粉	20
蛋白	100
合計	**340**

①將糖粉、杏仁粉、可可粉放入攪拌盆中，混合均勻。

②再加入蛋白，充分攪拌均勻，裝入擠花袋中，冷藏保存，使用前 1 小時取出退冰。

/ 前置作業　Preliminary Preparation /

蘋果餡
Apple Filling

| 保存方式 | 冷藏可保存 1 週 |

材料	公克
蘋果	2 顆
無鹽奶油	30
細砂糖	60
水	30
玉米粉	3
肉桂粉	2

①蘋果削皮切小丁。

②將蘋果丁、無鹽奶油放入鍋中炒軟，加入細砂糖、水、玉米粉、肉桂粉混合炒勻。

③炒至收汁後，放涼，冷藏保存。

焦糖醬
Caramel Sauce

| 保存方式 | 冷藏可保存 1 週 |

材料	公克
細砂糖	120
無鹽奶油	50
動物性鮮奶油	50
鹽	4
烤熟杏仁角	100
合計	**324**

①細砂糖放入鍋中，小火煮成焦糖。

②依序加入無鹽奶油、動物性鮮奶油拌勻，煮滾。

③加入鹽拌勻，熄火加入烤熟杏仁攪拌均勻，裝入擠花袋中，冷藏保存，使用前 3 小時取出退冰。

奶油餅乾皮餡
Butter Cookie Crust Filling

保存方式	冷藏可保存 1 週

材料	公克
無鹽奶油	100
細砂糖	100
鹽	1
全蛋液	100
低筋麵粉	100
合計	**401**

①無鹽奶油放入鍋中,加熱煮到融化離火,加入細砂糖、鹽拌勻。

②分次加入全蛋液攪拌均勻。

③再加入過篩好的低筋麵粉攪拌均勻,裝入擠花袋中,冷藏保存,使用前 1 小時取出退冰。

奶酥餡
Buttercream

保存方式	冷藏可保存 1 週

材料	公克
無鹽奶油	300
糖粉	120
全蛋液	100
全脂奶粉	330
合計	**850**

①將無鹽奶油、糖粉放入攪拌盆中攪拌均勻。

②分次加入全蛋液拌勻。

③再加入全脂奶粉攪拌均勻,裝入保鮮盒中冷藏保存,使用前 1 小時取出退冰。

/ 前置作業 Preliminary Preparation /

開心果杏仁奶油
Pistachio Almond Cream

保存方式	冷藏可保存 1 週

材料	公克
無鹽奶油	100
糖粉	100
全蛋液	100
低筋麵粉	20
杏仁粉	130
開心果醬	50
合計	**500**

①將無鹽奶油、糖粉放入攪拌盆中攪拌均勻。

②分次加入全蛋液拌勻。

③再加入低筋麵粉、杏仁粉、開心果醬攪拌均勻，裝入擠花袋中，冷藏保存，使用前1小時取出退冰。

鹼水
Lye Water

材料	公克
烘焙鹼	30
溫水	1000
合計	**1030**

①取一個鍋子先裝入溫水，再加入烘焙鹼，用打蛋器輕輕拌勻。

②切勿直接接觸鹼水，使用前須戴手套，以免受傷。

全麥生軟歐包

Whole Wheat Soft European Bread

Whole Wheat Soft European Bread Dough
全麥生軟歐包麵團

材料	%
高筋麵粉	60
全麥粉	40
細砂糖	5
鹽	1.8
低糖乾酵母粉	1
水	45
牛奶	20
老麵	20
無鹽奶油	5
合計	**197.8**

中心溫度	25°C
基本發酵	50 分鐘、室溫 30°C

/ 全麥生軟歐包 / Whole Wheat Soft European Bread

材料放入攪拌缸中

1

高筋麵粉、全麥粉、細砂糖、鹽、低糖乾酵母粉放入攪拌缸中。

2

加入水。

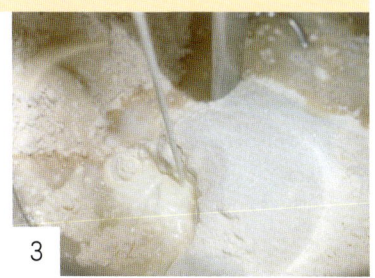

3

加入牛奶。

攪拌

4

使用勾狀，慢速攪拌成團。

加入老麵

5

成團後加入老麵，轉快速攪拌均勻。

薄膜狀態

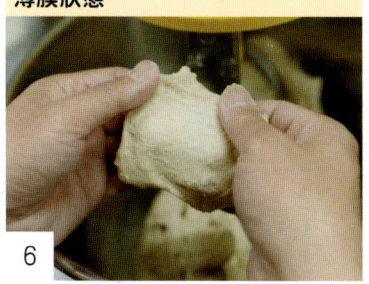

6

確認麵團狀態，形成薄膜。

加入無鹽奶油

7

加入無鹽奶油，快速攪拌。

延展狀態

8

確認麵團狀態，有延展性且光滑麵團。

基本發酵

9

中心溫度 25°C，放入室溫 30°C，基本發酵 50 分鐘。

/ 全麥生軟歐包 Whole Wheat Soft European Bread /

Berry Cheese Bread

莓果乳酪麵包

材料	%
全麥生軟歐包麵團 P.18 材料作法	197.8
蔓越莓乾	40
合計	**237.8**

內餡	
奶油乳酪	50 公克 / 每個

基本發酵	50 分鐘、室溫 30°C
分割重量	150 公克
中間發酵	20 ～ 30 分鐘、室溫 30°C
整型	麵團擀開鋪奶油乳酪 50 公克 捲起成短棍狀
最後發酵	50 ～ 60 分鐘、室溫 30 ～ 35°C
烤前裝飾	撒上高筋麵粉，割井字型
烘烤烤溫	上下火 230/150°C
蒸氣時間	3 秒
烘烤時間	14 ～ 17 分鐘

製作全麥蔓越莓麵團		**基本發酵**

1	2	3
請參考 P.18 全麥生軟歐包麵團材料作法，取相對比例的麵團。	將麵團、蔓越莓乾放入攪拌缸中，槳狀慢速打均勻。	取出打好麵團，整圓，基本發酵 50 分鐘，室溫 30°C。

	分割滾圓	

4	5	6
取出發酵好麵團。	使用刮板分割每個麵團 150 公克。	整圓。

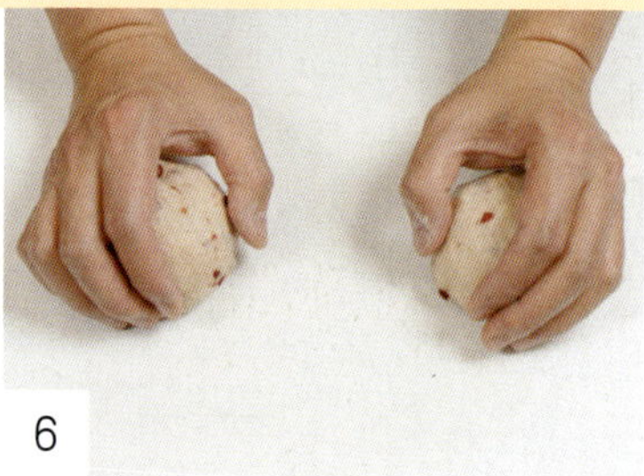

中間發酵	**整形包餡**	
	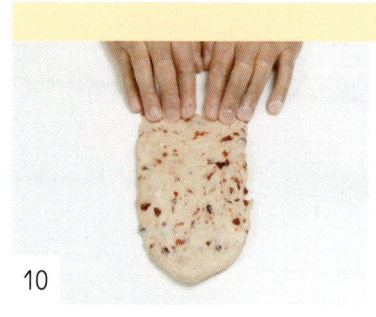	
7	8	9
中間發酵 20～30 分鐘，室溫 30°C。	發酵好麵團取出，沾上手粉（高筋麵粉），擀開。	擀長。

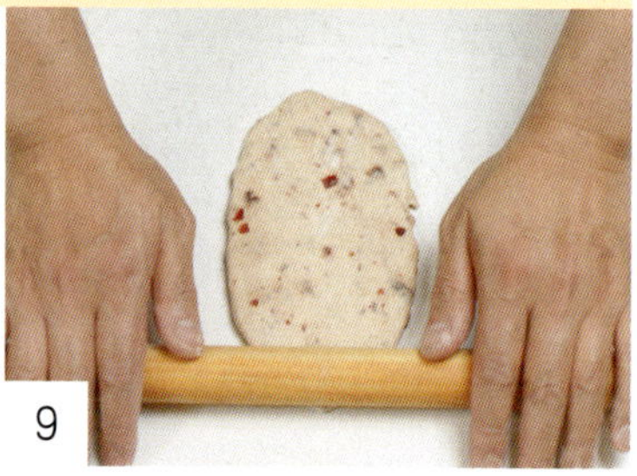

10	11	12
翻面，底部壓扁。	平均擺上撕小塊的奶油乳酪 50 公克，底部不放。	由上往下捲。

| 全麥生軟歐包 | Whole Wheat Soft European Bread |

13
整個捲起成圓柱狀。

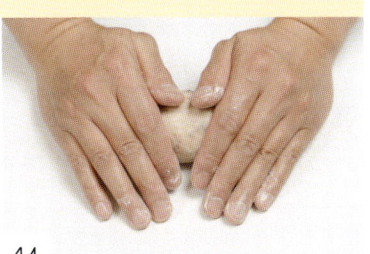

14
滾成短棍形狀。

最後發酵

15
放上烤盤,最後發酵 50～60 分鐘,室溫 30～35℃。

16
發酵好麵團膨脹 2 倍大。

烤前裝飾

17
表面撒上一層高筋麵粉。

18
切割表面紋路成井字狀。

放入烤箱

19
進烤箱上下火 230/150℃,烤 14～17 分鐘。

20
進烤箱後,先噴蒸氣 3 秒。

完成

21
出爐完成。

/ 全麥生軟歐包 Whole Wheat Soft European Bread /

Chestnut Cheese Bread

栗子乳酪麵包

材料	%
全麥生軟歐包麵團 P.18 材料作法	197.8
奶油乳酪	40
栗子泥	30
合計	**267.8**

內餡	
無鹽奶油	2 公克 / 每個

基本發酵	50 分鐘、室溫 30°C
分割重量	100 公克
中間發酵	20～30 分鐘、室溫 30°C
整型	麵團擀開排氣整圓 底部收緊成圓球狀
最後發酵	60 分鐘、室溫 30～35°C
烤前裝飾	使用剪刀剪一刀 擠入無鹽奶油 2 公克
烘烤烤溫	上下火 230/150°C
蒸氣時間	3 秒
烘烤時間	9～11 分鐘

製作全麥栗子乳酪麵團

1

請參考 P.18 全麥生軟歐包麵團材料作法,取相對比例的麵團。

2

將麵團攤平。

3

平均擺撕小塊的奶油乳酪。

4

整個麵團都要放。

5

再平均擺撕小塊的栗子餡。

6

從兩側折起。

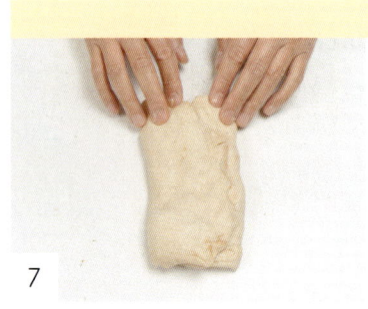

7

成長條狀。

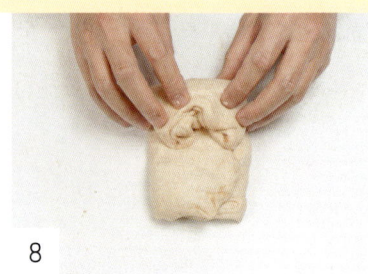

8

再由下往上捲起。

基本發酵

9

成球狀,基本發酵 50 分鐘,室溫 30°C。

分割麵團

10

使用刮板分割麵團,每個麵團 100 公克。

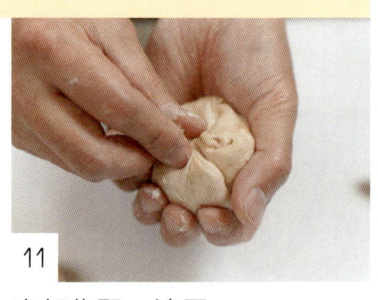

11

底部收緊,滾圓。

中間發酵

12

中間發酵 20～30 分鐘,室溫 30°C。

整形

13　表面沾上手粉（高筋麵粉），輕拍排氣。

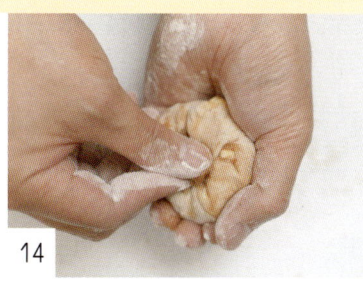

14　底部收緊，成球狀。

最後發酵

15　放上烤盤，最後發酵60分鐘，室溫30～35℃。

16　發酵好麵團膨脹2倍大。

烤前裝飾

17　用剪刀表面剪一刀。

18　擠入無鹽奶油2公克。

放入烤箱

19　進烤箱上下火230/150℃，烤9～11分鐘。

20　進烤箱後，先噴蒸氣3秒。

完成

21　出爐完成。

/ 全麥生軟歐包 / Whole Wheat Soft European Bread /

Blueberry Dark Chocolate Bread

藍莓黑巧麵包

材料	%
全麥生軟歐包麵團 P.18 材料作法	197.8
黑水滴巧克力豆	30
合計	**227.8**

出爐裝飾	
榛果巧克力醬	20 公克 / 每個
藍莓果醬	40 公克 / 每個
新鮮藍莓粒	5 粒

基本發酵	50 分鐘、室溫 30°C
分割重量	100 公克
中間發酵	20～30 分鐘、室溫 30°C
整型	麵團擀開由上往下捲起 底部捏緊成短棍狀
最後發酵	50 分鐘、室溫 30～35°C
烤前裝飾	表面斜切 5 刀
烘烤烤溫	上下火 230/150°C
蒸氣時間	3 秒
烘烤時間	10～12 分鐘
出爐裝飾	放涼斜切開 抹上榛果巧克力醬 20 公克 擠入藍莓果醬 40 公克 放 5 顆新鮮藍莓粒

製作全麥巧克力豆麵團

1
請參考 P.18 全麥生軟歐包麵團材料作法,取相對比例的麵團。

2
將麵團、水滴巧克力豆放入攪拌缸中,槳狀慢速打均勻。

基本發酵

3
取出打好麵團,整圓,基本發酵 50 分鐘,室溫 30°C。

4
取出發酵好麵團。

分割滾圓

5
使用刮板分割每個麵團 100 公克。

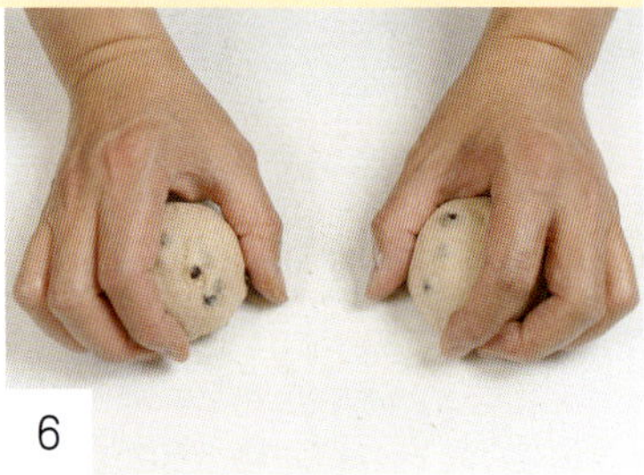

6
整圓。

中間發酵

7
中間發酵 20～30 分鐘,室溫 30°C。

整形

8
發酵好麵團取出,沾上手粉(高筋麵粉),擀開。

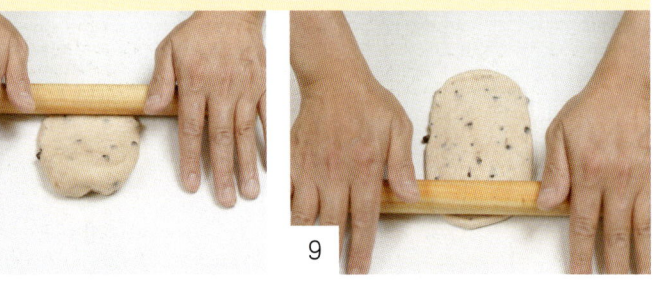

9
擀長。

10
翻面,底部壓扁。

11
由上往下捲。

12
整個捲起成圓柱狀。

/ 全麥生軟歐包 Whole Wheat Soft European Bread /

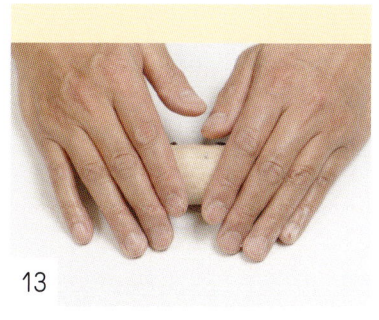

13

滾成短棍形狀。

最後發酵

14

放上烤盤，最後發酵 50 鐘，室溫 30～35°C。

烤前裝飾

15

發酵好麵團膨脹 2 倍大，表現斜切 5 刀。

放入烤箱

16

進烤箱上下火 230/150°C，烤 10～12 分鐘，蒸氣 3 秒。

出爐裝飾

17

出爐放涼。

18

從中間斜切開。

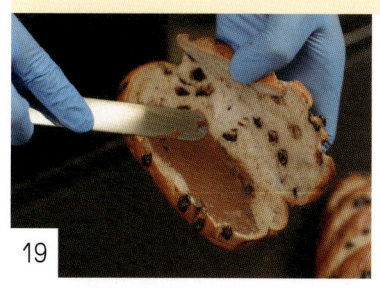

19

抹上榛果巧克力醬 20 公克。

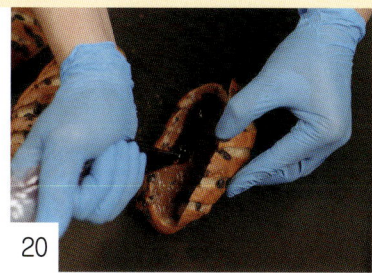

20

擠上藍莓果醬 40 公克。

21

擺入新鮮藍莓，完成。

31

/ 全麥生軟歐包 Whole Wheat Soft European Bread /

Sea Salt Caramel Nut Bread

海鹽焦糖堅果麵包

材料	%
全麥生軟歐包麵團 P.18 材料作法	197.8
南瓜籽	30
核桃仁	30
合計	**257.8**

烤前裝飾	
焦糖醬 P.13 材料作法	7 公克 / 每個

基本發酵	50 分鐘、室溫 30°C
分割重量	150 公克
中間發酵	20～30 分鐘、室溫 30°C
整型	麵團輕拍排氣 底部收緊輕壓成圓扁狀
最後發酵	50 分鐘、室溫 30～35°C
烤前裝飾	表面剪十字型 擠上焦糖醬 7 公克
烘烤烤溫	上下火 220/150°C
蒸氣時間	3 秒
烘烤時間	15～18 分鐘

製作全麥堅果麵團

1

請參考 P.18 全麥生軟歐包麵團材料作法，取相對比例的麵團。

2

將麵團、南瓜子、核桃仁放入缸中，槳狀慢速打均勻。

基本發酵

3

取出打好麵團，整圓，基本發酵 50 分鐘，室溫 30°C。

4

取出發酵好麵團。

分割滾圓

5

使用刮板分割每個麵團 150 公克。

6

整圓。

中間發酵

7

中間發酵 20～30 分鐘，室溫 30°C。

整形

8

發酵好麵團取出，沾上手粉（高筋麵粉），輕拍排氣。

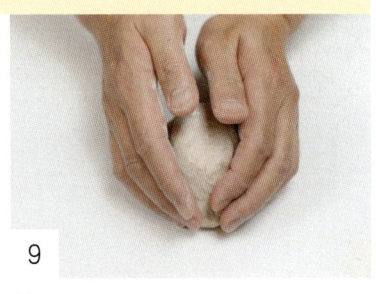

9

整圓。

10

底部收緊。

11

輕壓成圓扁狀。

最後發酵

12

放上烤盤，最後發酵 50 鐘，室溫 30～35°C。

13 發酵好麵團膨脹 2 倍大。

烤前裝飾

14 使用剪刀表面剪十字。

15 分 4 刀剪開。

放入烤箱

16 擠入焦糖醬 7 公克。

17 進烤箱上下火 220/150℃，烤 15～18 分鐘。

18 噴蒸氣 3 秒。

/ 全麥生軟歐包　Whole Wheat Soft European Bread /

Bacon Walnut Bread

培根核桃麵包

材料	%
全麥生軟歐包麵團 P.18 材料作法	197.8
烤培根丁	40
核桃仁	20
合計	**257.8**

出爐裝飾	
有鹽奶油	20 公克 / 每個

基本發酵	50 分鐘、室溫 30°C
分割重量	100 公克
中間發酵	20～30 分鐘、室溫 30°C
整型	麵團擀開由上往下捲起 底部捏緊成短棍狀
最後發酵	60 分鐘、室溫 30～35°C
烤前裝飾	表面撒上高筋麵粉
烘烤烤溫	上下火 230/150°C
蒸氣時間	3 秒
烘烤時間	15～18 分鐘
出爐裝飾	放涼橫切開 放入一片有鹽奶油 20 公克

製作培根核桃麵團

1 請參考 P.18 全麥生軟歐包麵團材料作法，取相對比例的麵團。

2 將麵團、烤培根丁、核桃仁放入攪拌缸中，槳狀慢速打均勻。

基本發酵

3 取出打好麵團，整圓，基本發酵 50 分鐘，室溫 30°C。

4 取出發酵好麵團。

分割滾圓

5 使用刮板分割每個麵團 100 公克。

6 整圓。

中間發酵

7 中間發酵 20～30 分鐘，室溫 30°C。

整形

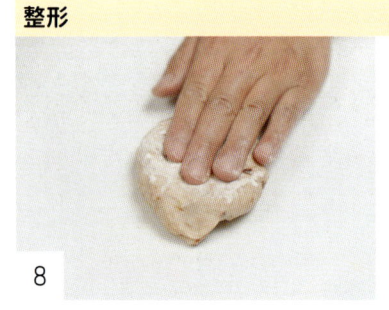

8 發酵好麵團取出，沾上手粉（高筋麵粉），擀開。

9 擀長。

10 翻面，底部壓扁。

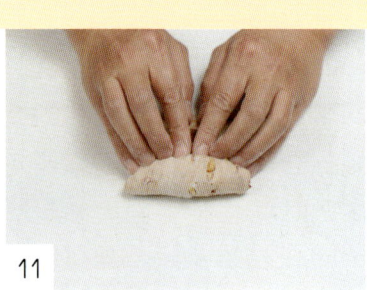

11 由上往下捲。

12 整個捲起成圓柱狀。

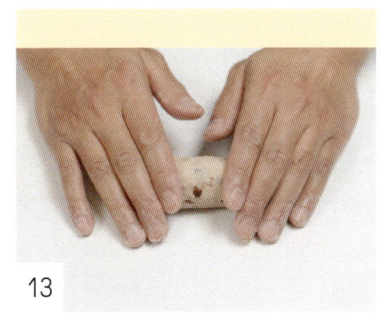

/ 全麥生軟歐包　Whole Wheat Soft European Bread /

13 滾成短棍形狀。

最後發酵 
14 放上烤盤，最後發酵 60 鐘，室溫 30～35°C。

烤前裝飾 
15 發酵好麵團膨脹 2 倍大，表面撒上高筋麵粉。

放入烤箱 
16 進烤箱上下火 230/150°C，烤 15～18 分鐘。

17 蒸氣 3 秒。

出爐裝飾 
18 放涼，從中間切開。

19 打開。

20 放入一片有鹽奶油 20 公克。

21 完成。

39

Buttercream Dried Pork Floss Bread

奶酥肉鬆麵包

材料	%
全麥生軟歐包麵團 P.18 材料作法	197.8
合計	**197.8**

內餡	
奶酥餡 P.14 材料作法	30 公克 / 每個
肉鬆	20 公克 / 每個

烤前裝飾	
奶油餅乾皮餡 P.14 材料作法	30 公克 / 每個

基本發酵	50 分鐘、室溫 30°C
分割重量	150 公克
中間發酵	20～30 分鐘、室溫 30°C
整型	麵團擀開翻面 抹奶酥餡 30 公克 鋪肉鬆 20 公克鋪好後要壓一下 捲起成短棍狀
最後發酵	60 分鐘、室溫 30～35°C
烤前裝飾	表面割 3 刀 擠上奶油餅乾皮餡 30 公克
烘烤烤溫	上下火 200/150°C
烘烤時間	17～19 分鐘

/ 全麥生軟歐包　Whole Wheat Soft European Bread /

基本發酵

1 請參考 P.18 材料作法，取相對比例的麵團基本發酵 50 分鐘，室溫 30°C。

分割滾圓、中間發酵

2 分割每個麵團 150 公克重，滾圓，中間發酵 20～30 分鐘，室溫 30°C。

整形包餡

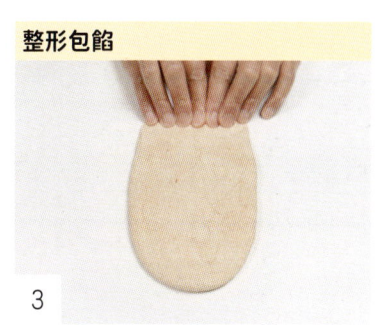

3 發酵好麵團擀開，翻面，底部壓扁。

4 包入奶酥餡 30 公克、肉鬆 20 公克。

5 輕壓使肉鬆緊實。

6 由上往下捲起。

7 整形為短棍狀。

最後發酵

8 放上烤盤，最後發酵 60 鐘，室溫 30～35°C。

烤前裝飾

9 發酵好麵團取出，表面斜切 3 刀。

10 擠上奶油餅乾皮餡 30 公克。

放入烤箱

11 進烤箱上下火 200/150°C。

12 烤 17～19 分鐘。

41

紅茶生軟歐包

Red Tea Soft European Bread

43

Red Tea Soft European Bread Dough
紅茶生軟歐包麵團

材料	%
高筋麵粉	100
伯爵紅茶粉	1.5
細砂糖	7
鹽	1.8
全脂奶粉	3
低糖乾酵母粉	1
水	65
老麵	10
湯種	20
無鹽奶油	10
合計	**219.3**

中心溫度	25°C
基本發酵	60 分鐘、室溫 30°C

/ 紅茶生軟歐包　Red Tea Soft European Bread /

材料放入攪拌缸中

1 可以使用現成紅茶粉或使用茶葉打成粉過篩使用。

2 高筋麵粉、伯爵紅茶粉、細砂糖、鹽、全脂奶粉、低糖乾酵母粉放入攪拌缸中。

3 加入水。

加入老麵

4 使用勾狀，慢速攪拌成團，成團後加入老麵、湯種，轉快速攪拌均勻。

薄膜狀態

5 確認麵團狀態，形成薄膜。

加入無鹽奶油

6 加入無鹽奶油。

攪拌

7 快速攪拌。

延展狀態

8 確認麵團狀態，有延展性且光滑麵團。

基本發酵

9 中心溫度 25℃，放入室溫 30℃，基本發酵 60 分鐘。

Red Tea Buttercream Bread

紅茶奶酥麵包

材料	%
紅茶生軟歐包麵團 P.44 材料作法	219.3
合計	**219.3**

內餡	
奶酥餡 P.14 材料作法	30 公克 / 每個
奶油乳酪	20 公克 / 每個

烤前裝飾	
奶油餅乾皮餡 P.14 材料作法	20 公克 / 每個
杏仁片	5 公克 / 每個

出爐裝飾	
防潮糖粉	適量

基本發酵	60 分鐘、室溫 30°C
分割重量	100 公克
中間發酵	20 ～ 30 分鐘、室溫 30°C
整型	麵團輕拍排氣翻面 包奶酥餡 30 公克 奶油乳酪 20 公克 收口收緊成圓球狀
最後發酵	50 分鐘、室溫 30 ～ 35°C
烤前裝飾	表面剪十字型 擠上奶油餅乾皮餡 20 公克 撒上杏仁片 5 公克
烘烤烤溫	上下火 200/150°C
烘烤時間	13 ～ 16 分鐘
出爐裝飾	放涼後撒上防潮糖粉

/ 紅茶生軟歐包 Red Tea Soft European Bread /

基本發酵

1 請參考 P.44 材料作法,取相對比例的麵團基本發酵 60 分鐘,室溫 30°C。

分割滾圓、中間發酵

2 分割每個麵團 100 公克重,滾圓,中間發酵 20～30 分鐘,室溫 30°C。

整形包餡

3 發酵好麵團沾上高筋麵粉。

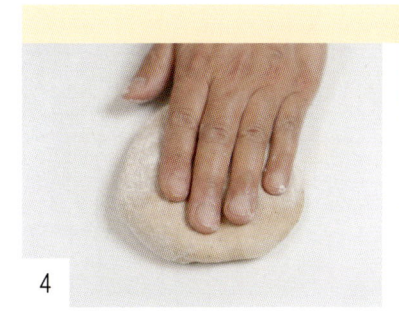

4 輕拍排氣,翻面。

5 包入奶酥餡 30 公克、奶油乳酪 20 公克。

6 收口收緊。

7 整形為圓球狀。

最後發酵

8 放上烤盤,最後發酵 50 鐘,室溫 30～35°C。

烤前裝飾

9 發酵好麵團取出,使用剪刀剪十字型。

10 表面擠上奶油餅乾皮餡 20 公克、撒上杏仁片 5 公克。

放入烤箱

11 進烤箱上下火 200/150°C,烤 13～16 分鐘。

出爐裝飾

12 出爐後放涼,撒上防潮糖粉。

47

Red Tea Chestnut Bread

紅茶栗子麵包

材料	%
紅茶生軟歐包麵團 P.44 材料作法	219.3
合計	**219.3**

內餡	
紅豆餡	30 公克 / 每個
栗子泥	30 公克 / 每個

烤前裝飾	
栗子	1 顆 / 每個

基本發酵	60 分鐘、室溫 30°C
分割重量	100 公克
中間發酵	20～30 分鐘、室溫 30°C
整型	麵團排氣 包拌勻的紅豆栗子餡 60 公克 底部捏緊成圓球狀
最後發酵	50 分鐘、室溫 30～35°C
烤前裝飾	表面撒上高筋麵粉 表面剪一刀，放上一顆栗子
烘烤烤溫	上下火 220/150°C
烘烤時間	14～17 分鐘

/ 紅茶生軟歐包 Red Tea Soft European Bread /

基本發酵
1 請參考 P.44 材料作法，取相對比例的麵團基本發酵 60 分鐘，室溫 30°C。

分割滾圓、中間發酵
2 分割每個麵團 100 公克重，滾圓，中間發酵 20～30 分鐘，室溫 30°C。

整形包餡
3 紅豆餡和栗子泥混合拌勻。

4 發酵好麵團沾上高筋麵粉輕拍，翻面。

5 包入紅豆栗子餡 60 公克。

6 收口收緊。

7 整形為圓球狀。

最後發酵
8 放上烤盤，最後發酵 50 鐘，室溫 30～35°C。

烤前裝飾
9 發酵好麵團取出，撒上高筋麵粉。

10 表面使用剪刀剪一刀。

11 擺上一顆栗子。

放入烤箱
12 進烤箱上下火 220/150°C，烤 14～17 分鐘。

Red Tea Dark Chocolate Bread

紅茶黑巧麵包

材料	%
紅茶生軟歐包麵團 P.44 材料作法	219.3
黑水滴巧克力豆	30
合計	249.3

烤前裝飾	
無鹽奶油	4 公克 / 每個

基本發酵	60 分鐘、室溫 30°C
分割重量	150 公克
中間發酵	20 ～ 30 分鐘、室溫 30°C
整型	麵團擀開，一端不擀開 由上往下捲起成橄欖狀
最後發酵	50 分鐘、室溫 30 ～ 35°C
烤前裝飾	表面中間剪閃電狀 擠上無鹽奶油 4 公克
烘烤烤溫	上下火 230/150°C
蒸氣時間	3 秒
烘烤時間	14 ～ 16 分鐘

/ 紅茶生軟歐包　Red Tea Soft European Bread /

製作紅茶黑巧麵團、基本發酵

1 請參考 P.44 材料作法，取相對比例的麵團。

2 麵團和巧克力豆放入缸中，拌勻，取出，基本發酵 60 分鐘，室溫 30°C。

分割滾圓、中間發酵

3 分割每個麵團 150 公克重，滾圓，中間發酵 20～30 分鐘，室溫 30°C。

整形

4 發酵好麵團沾上高筋麵粉輕拍，翻面。

5 擀開，最下面的部分不要擀平，留一端沒擀到。

6 翻面，底部壓扁。

7 由上往下捲起，留一端才能捲出橄欖形狀。

8 整形成橄欖狀。

最後發酵

9 放上烤盤，最後發酵 50 鐘，室溫 30～35°C。

烤前裝飾

10 使用剪刀剪閃電型。

11 擠上無鹽奶油 4 公克。

放入烤箱

12 進烤箱上下火 230/150°C，先噴蒸氣 3 秒，烤 14～16 分鐘。

51

Red Tea Pistachio Bread

紅茶開心果麵包

材料	%
紅茶生軟歐包麵團 P.44 材料作法	219.3
開心果碎	25
合計	**244.3**

內餡	
奶油乳酪	35 公克 / 每個
開心果醬	3 公克 / 每個

烤前裝飾	
開心果碎	5 公克 / 每個

基本發酵	60 分鐘、室溫 30°C
分割重量	150 公克
中間發酵	20～30 分鐘、室溫 30°C
整型	麵團擀開正方形 鋪奶油乳酪 35 公克 開心果醬 3 公克 四邊向內折起成正方形
最後發酵	50 分鐘、室溫 30～35°C
烤前裝飾	表面切一刀 噴水撒上開心果碎 5 公克
烘烤烤溫	上下火 220/150°C
蒸氣時間	3 秒
烘烤時間	14～17 分鐘

/ 紅茶生軟歐包　Red Tea Soft European Bread /

製作紅茶開心果麵團、基本發酵

1 請參考 P.44 材料作法，取相對比例的麵團。

2 麵團和開心果碎放入缸中，拌勻，取出，基本發酵 60 分鐘，室溫 30°C。

分割滾圓、中間發酵

3 分割每個麵團 150 公克重，滾圓，中間發酵 20～30 分鐘，室溫 30°C。

整形

4 發酵好麵團沾上高筋麵粉輕拍排氣。

5 擀開，擀成正方形。

6 翻面，底部壓扁。

7 包入奶油乳酪 35 公克、開心果醬 3 公克。

8 四邊向內折起，整形成正方形狀。

最後發酵

9 放上烤盤，最後發酵 50 鐘，室溫 30～35°C。

烤前裝飾

10 表面斜切 1 刀，噴水。

11 撒上開心果碎 5 公克。

放入烤箱

12 進烤箱上下火 220/150°C，先噴蒸氣 3 秒，烤 14～17 分鐘。

53

Red Tea Orange Bread

紅茶香橙麵包

材料	%
紅茶生軟歐包麵團 P.44 材料作法	219.3
橙皮丁	20
合計	**239.3**

內餡	
糖漬橙片 P.12 材料作法	1 片 / 每個
奶油乳酪	20 公克 / 每個

基本發酵	60 分鐘、室溫 30°C
分割重量	100 公克
中間發酵	20～30 分鐘、室溫 30°C
整型	麵團排氣，擀圓片狀 包糖漬橙片 1 片 奶油乳酪 20 公克 底部捏緊輕壓成圓扁狀
最後發酵	60 分鐘、室溫 30～35°C
烤前裝飾	表面撒上高筋麵粉，中間割一刀
烘烤烤溫	上下火 220/150°C
蒸氣時間	3 秒
烘烤時間	14～16 分鐘

/ 紅茶生軟歐包 / Red Tea Soft European Bread /

製作紅茶香橙麵團、基本發酵

1 請參考 P.44 材料作法，取相對比例的麵團。

2 麵團和橙皮丁放入缸中，拌勻，取出，基本發酵60分鐘，室溫30°C。

分割滾圓、中間發酵

3 分割每個麵團 100 公克重，滾圓，中間發酵 20～30 分鐘，室溫30°C。

整形

4 發酵好麵團沾上高筋麵粉輕拍排氣，擀成圓形。

5 翻面，放 1 片糖漬橙片。

6 再放奶油乳酪 20 公克。

7 慢慢包起。

8 收口收緊，成圓扁狀。

最後發酵

9 放上烤盤，最後發酵 60 鐘，室溫 30～35°C。

烤前裝飾

10 表面撒上高筋麵粉。

11 中間處割一刀。

放入烤箱

12 進烤箱上下火 220/150°C，先噴蒸氣 3 秒，烤 14～16 分鐘。

黑巧生軟歐包

Dark Chocolate Soft European Bread

57

Dark Chocolate Soft European Bread Dough

黑巧生軟歐包麵團

材料	%
高筋麵粉	100
可可粉	3
細砂糖	8
鹽	1.5
低糖乾酵母粉	1
動物性鮮奶油	20
水	47
湯種	20
無鹽奶油	10
黑水滴巧克力豆	20
合計	**230.5**

中心溫度	25°C
基本發酵	60 分鐘、室溫 30°C

/ 黑巧生軟歐包 Dark Chocolate Soft European Bread /

材料放入攪拌缸中

1 高筋麵粉、可可粉、細砂糖、鹽、低糖乾酵母粉放入攪拌缸中。

2 加入水。

3 加入動物性鮮奶油。

加入老麵

4 使用勾狀,慢速攪拌成團,成團後加入湯種,轉快速攪拌均勻。

薄膜狀態

5 確認麵團狀態,形成薄膜。

加入無鹽奶油

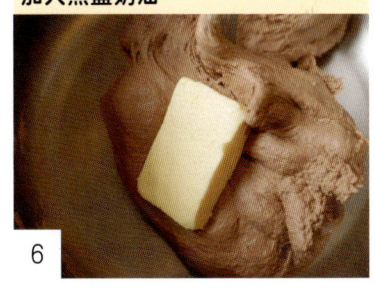

6 加入無鹽奶油。

延展狀態

7 快速攪拌,確認麵團狀態,有延展性且光滑麵團。

加入黑水滴巧克力豆

8 加入黑水滴巧克力豆,攪拌均勻。

基本發酵

9 中心溫度 25°C,放入室溫 30°C,基本發酵 60 分鐘。

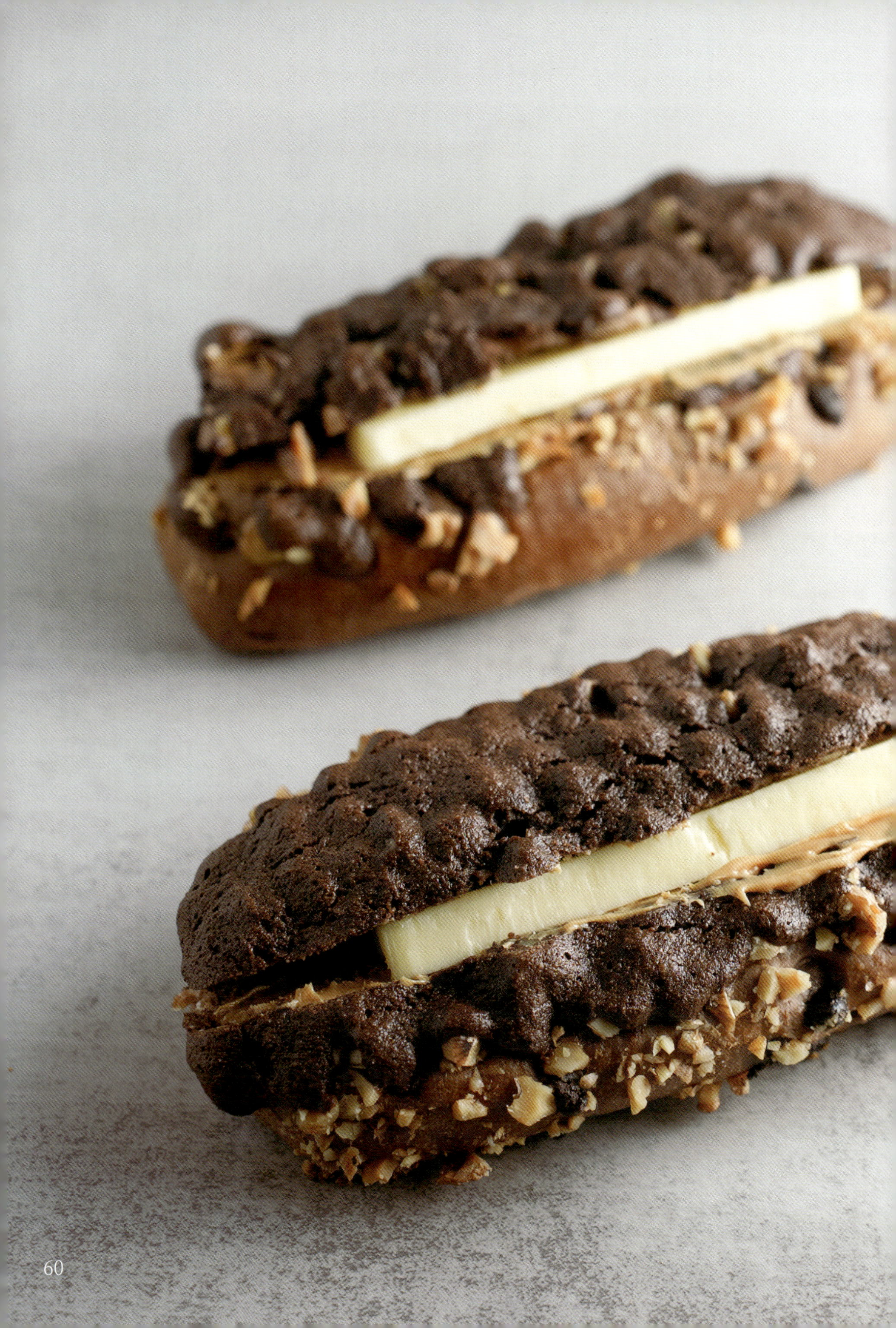

/ 黑巧生軟歐包 Dark Chocolate Soft European Bread /

Dark Chocolate Mario Bread

黑巧馬里歐麵包

材料	%
黑巧生軟歐包麵團 P.58 材料作法	230.5
合計	**230.5**

整形裝飾	
蛋水	適量
核桃碎	適量

烤前裝飾	
黑巧杏仁醬 P.12 材料作法	30 公克 / 每個

出爐裝飾	
花生醬	10 公克 / 每個
有鹽奶油	10 公克 / 每個

基本發酵	60 分鐘、室溫 30°C
分割重量	100 公克
中間發酵	20～30 分鐘、室溫 30°C
整型	麵團擀開由上往下捲起 底部捏緊成短棍狀 表面刷蛋水裹上核桃碎
最後發酵	60 分鐘、室溫 30～35°C
烤前裝飾	表面擠黑巧杏仁醬 30 公克 擠線條狀
烘烤烤溫	上下火 210/150°C
烘烤時間	13～16 分鐘
出爐裝飾	放涼後斜切開 抹上花生醬 10 公克 放入一片有鹽奶油 10 公克

基本發酵

1 請參考 P.58 麵團材料作法，取相對比例的麵團，基本發酵 60 分鐘，室溫 30℃。

分割滾圓

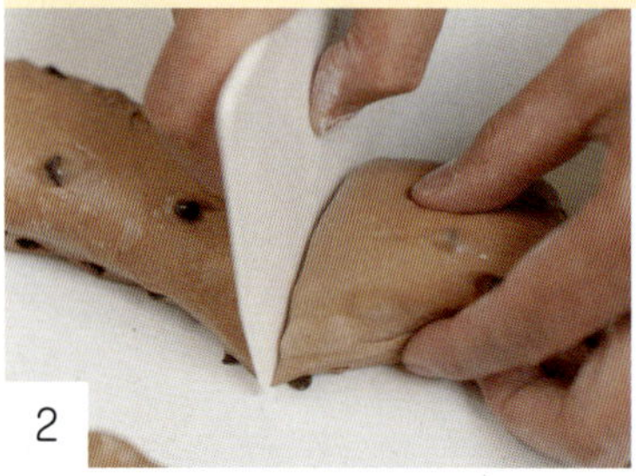

2 使用刮板分割每個麵團 100 公克。

3 整圓。

中間發酵

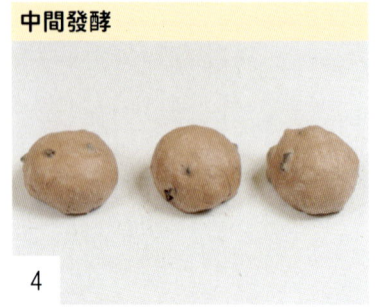

4 中間發酵 20～30 分鐘，室溫 30℃。

整形

5 發酵好麵團取出，沾上手粉（高筋麵粉）。

6 擀開。

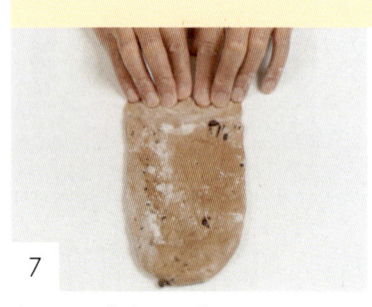

7 翻面，底部壓扁。

8 由上往下捲。

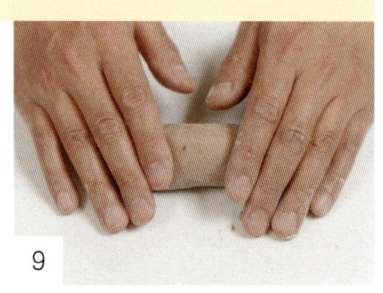

9 輕輕捲緊。

10 成短棍狀。

11 放上烤盤，刷上蛋水。

12 裹上核桃碎。

62

/ 黑巧生軟歐包　Dark Chocolate Soft European Bread /

最後發酵

13　放上烤盤，最後發酵 60 鐘，室溫 30～35°C。

烤前裝飾

14　發酵好麵團膨脹 2 倍大。

15　表面擠上黑巧杏仁醬 30 公克，擠線條狀。

放入烤箱

16　進烤箱上下火 210/150°C，烤 13～16 分鐘。

出爐裝飾

17　放涼，從中間斜切切開。

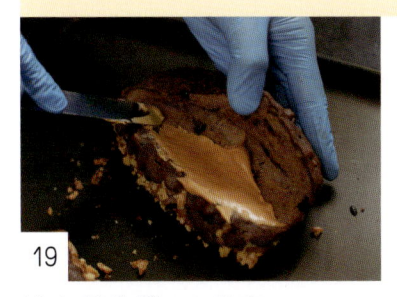

18　打開。

19　抹上花生醬 10 公克。

20　放入一片有鹽奶油 10 公克。

21　完成。

63

Dark Chocolate Fig Bread

黑巧無花果麵包

材料	%
黑巧生軟歐包麵團 P.58 材料作法	230.5
合計	**230.5**

內餡	
奶油乳酪	20 公克 / 每個
無花果乾	半顆 / 每個

烤前裝飾	
黑巧杏仁醬 P.12 材料作法	20 公克 / 每個
糖粉	適量

基本發酵	60 分鐘、室溫 30°C
分割重量	50 公克
中間發酵	20 ～ 30 分鐘、室溫 30°C
整型	麵團擀開 包奶油乳酪 20 公克 無花果乾半顆 底部捏緊成圓球狀 兩個一組黏起
最後發酵	60 分鐘、室溫 30 ～ 35°C
烤前裝飾	表面中間剪一刀 擠黑巧杏仁醬 20 公克，撒上糖粉
烘烤烤溫	上下火 220/150°C
烘烤時間	14 ～ 17 分鐘

/ 黑巧生軟歐包　Dark Chocolate Soft European Bread /

基本發酵	**分割滾圓、中間發酵**	**整形包餡**
1	2	3
請參考 P.58 材料作法，取相對比例的麵團基本發酵 60 分鐘，室溫 30℃。	分割每個麵團 50 公克重，滾圓，中間發酵 20～30 分鐘，室溫 30℃。	發酵好麵團沾上高筋麵粉輕拍，翻面。
4	5	6
包入奶油乳酪 20 公克。	包入無花果乾半顆。	收口收緊。
7	**最後發酵** 8	**烤前裝飾** 9
整形為圓球狀，2 個一組。	放上烤盤，最後發酵 60 鐘，室溫 30～35℃。	在麵團表面剪一刀。
10	11	**放入烤箱** 12
擠上黑巧杏仁醬 20 公克。	撒上糖粉。	進烤箱上下火 220/150℃，烤 14～17 分鐘。

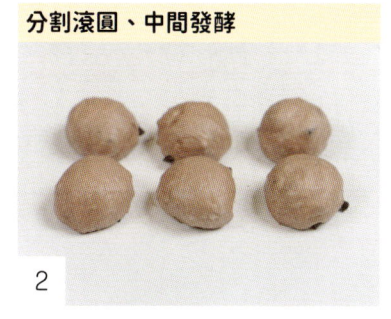

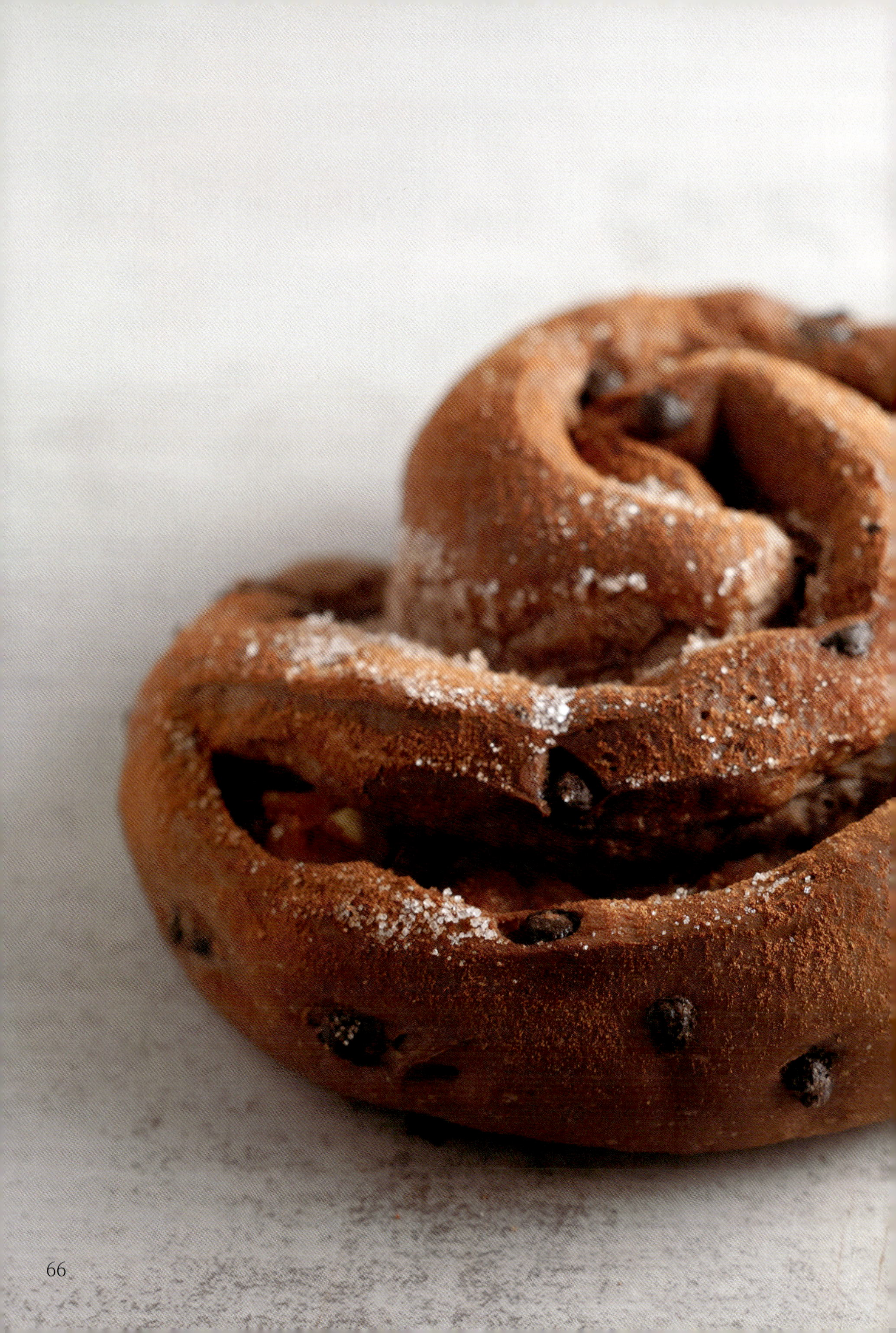

/ 黑巧生軟歐包 Dark Chocolate Soft European Bread /

Dark Chocolate Cinnamon Apple Bread
黑巧肉桂蘋果麵包

材料	%
黑巧生軟歐包麵團 P.58 材料作法	230.5
合計	**230.5**

內餡	
蘋果餡 P.13 材料作法	50 公克 / 每個
奶油乳酪	20 公克 / 每個

烤前裝飾	
肉桂粉	適量
細砂糖	適量

基本發酵	60 分鐘、室溫 30°C
分割重量	200 公克
中間發酵	20 ～ 30 分鐘、室溫 30°C
整型	麵團擀開 包蘋果餡 50 公克 奶油乳酪 20 公克 上下捏緊 翻面，中間割一刀 捲起成螺旋狀
最後發酵	60 分鐘、室溫 30 ～ 35°C
烤前裝飾	撒上肉桂粉、細砂糖
烘烤烤溫	上下火 220/150°C
烘烤時間	15 ～ 18 分鐘

基本發酵

1 請參考 P.58 麵團材料作法，取相對比例的麵團，基本發酵 60 分鐘，室溫 30°C。

分割滾圓

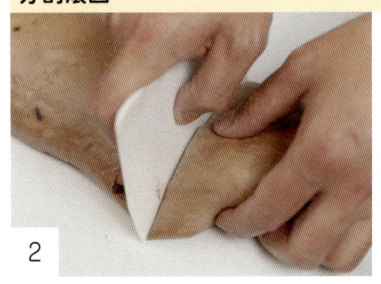

2 使用刮板分割每個麵團 200 公克。

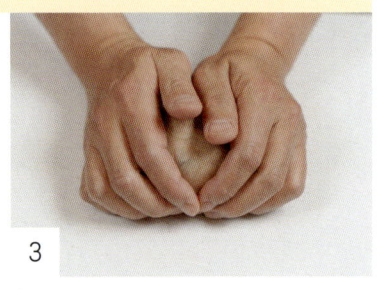

3 整圓。

中間發酵

4 中間發酵 20～30 分鐘，室溫 30°C。

整形

5 發酵好麵團取出，沾上手粉（高筋麵粉）。

6 整形成長條狀。

7 擀開。

8 擺橫的。

9 鋪上蘋果餡 50 公克。

10 擺上撕成小塊的奶油乳酪 20 公克。

11 上下捏起。

12 確實捏緊。

68

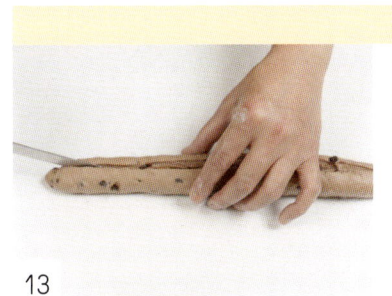

/ 黑巧生軟歐包　Dark Chocolate Soft European Bread /

13 翻面，從中間劃一刀。

14 捲起成螺旋狀。

最後發酵

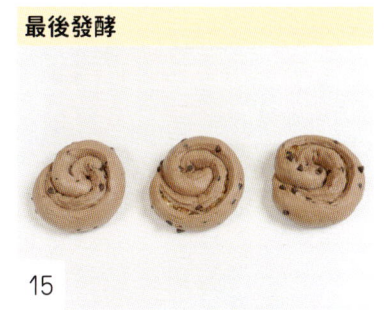

15 最後發酵 60 鐘，室溫 30～35°C。

16 發酵好麵團膨脹 2 倍大。

烤前裝飾

17 表面撒上肉桂粉。

18 再撒上細砂糖。

放入烤箱

19 進烤箱上下火 220/150°C，烤 15～18 分鐘。

20 烤焙。

21 取出完成。

69

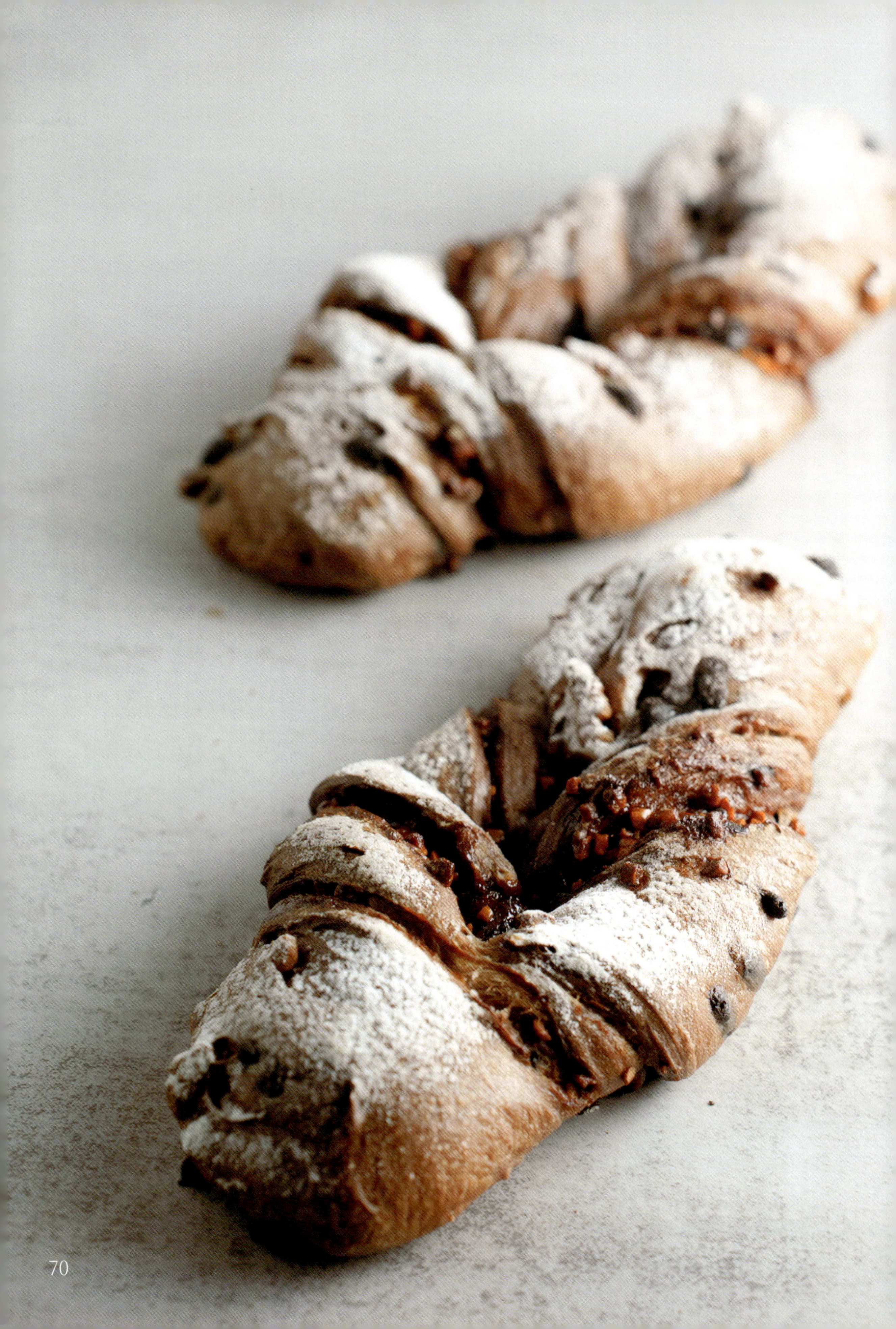

Dark Chocolate Walnut Bread

黑巧核桃麵包

材料	%
黑巧生軟歐包麵團 P.58 材料作法	230.5
核桃仁	20
合計	**250.5**

內餡	
焦糖醬 P.13 材料作法	20 公克 / 每個

基本發酵	60 分鐘、室溫 30°C
分割重量	150 公克
中間發酵	20 ～ 30 分鐘、室溫 30°C
整型	麵團擀開 包焦糖醬 20 公克 底部捏緊成圓柱狀 對折，從中間切開 兩端從切口處前後翻轉
最後發酵	50 分鐘、室溫 30 ～ 35°C
烤前裝飾	表面撒上高筋麵粉
烘烤烤溫	上下火 220/150°C
蒸氣時間	3 秒
烘烤時間	17 ～ 19 分鐘

製作黑巧核桃麵團

1. 請參考 P.58 麵團材料作法，取相對比例的麵團。
2. 將麵團、核桃仁放入缸中，槳狀慢速打均勻。 

基本發酵

3. 取出打好麵團，整圓，基本發酵 60 分鐘，室溫 30°C。

分割滾圓

4. 使用刮板分割每個麵團 150 公克。
5. 整圓。 

中間發酵

6. 中間發酵 20～30 分鐘，室溫 30°C。

整形

7. 發酵好麵團取出，沾上手粉（高筋麵粉）。
8. 擀開。 
9. 翻面，底部壓扁。 
10. 包入焦糖醬 20 公克。 
11. 由上往下捲起。 
12. 確實捏緊，成圓柱狀。

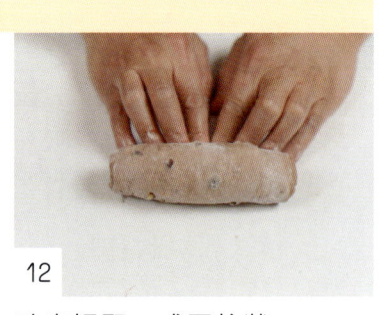

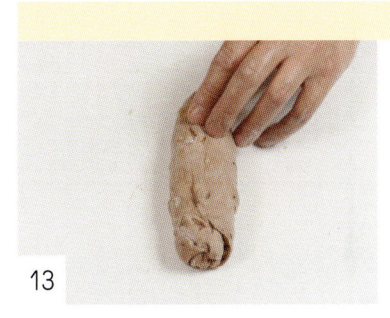

/ 黑巧生軟歐包　Dark Chocolate Soft European Bread /

13 接口處朝上。

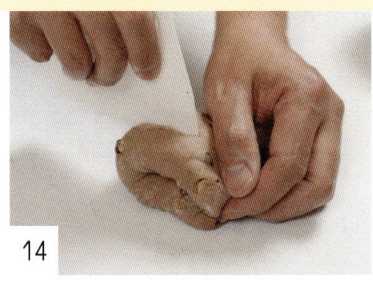

14 對折，從中間切一刀。

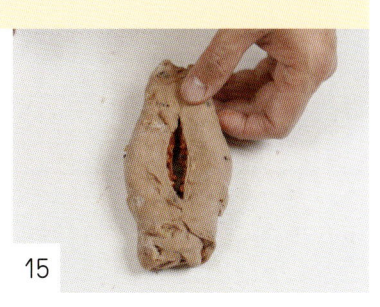

15 攤開。

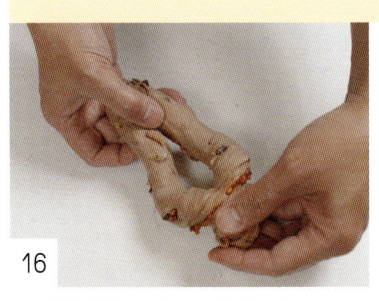

16 上面那端，由上往內穿過。

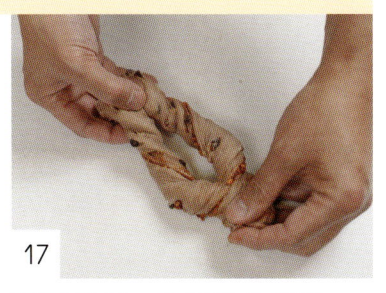

17 下面那端，由下往內穿過。

最後發酵

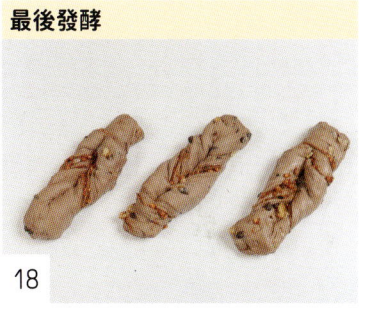

18 整形好，最後發酵 50 鐘，室溫 30～35°C。

烤前裝飾

19 表面撒上高筋麵粉。

放入烤箱

20 進烤箱上下火 220/150°C，烤 17～19 分鐘，先噴蒸氣 3 秒。

21 取出完成。

73

Dark Chocolate Sesame Bread

黑巧芝麻麵包

材料	%
黑巧生軟歐包麵團 P.58 材料作法	230.5
合計	**230.5**

內餡	
榛果巧克力醬	10 公克 / 每個
黑芝麻粉	10 公克 / 每個
蛋水	適量
黑芝麻粒	7 公克 / 每個

烤前裝飾	
無鹽奶油	2 公克 / 每個

基本發酵	60 分鐘、室溫 30°C
分割重量	150 公克
中間發酵	20～30 分鐘、室溫 30°C
整型	麵團擀開，一端不擀開 包榛果巧克力醬 10 公克 黑芝麻粉 15 公克 由上往下捲起成橄欖型 表面刷上蛋水 沾上黑芝麻粒 7 公克
最後發酵	50 分鐘、室溫 30～35°C
烤前裝飾	中間割一刀 擠入無鹽奶油 2 公克
烘烤烤溫	上下火 220/150°C
烘烤時間	14～16 分鐘

/ 黑巧生軟歐包 　Dark Chocolate Soft European Bread /

基本發酵

1
請參考 P.58 材料作法，取相對比例的麵團基本發酵 60 分鐘，室溫 30°C。

分割滾圓、中間發酵

2
分割每個麵團 150 公克重，滾圓，中間發酵 20〜30 分鐘，室溫 30°C。

整形包餡

3
發酵好麵團沾上高筋麵粉輕拍，翻面。

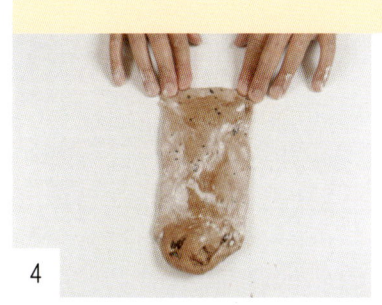

4
擀開，留一端不要擀開，翻面底部壓扁。

5
抹上榛果巧克力醬 10 克。

6
鋪上黑芝麻粉 10 克。

7
由上往下捲起，成橄欖型。

8
放上烤盤，刷上蛋水，裹上黑芝麻粒 7 公克。

最後發酵

9
進行最後發酵 50 分鐘，室溫 30〜35°C。

烤前裝飾

10
表面中間割一刀。

11
擠上無鹽奶油 2 公克。

放入烤箱

12
進烤箱上下火 220/150°C，烤 14〜16 分鐘。

奶香生軟歐包

Soft European Bread

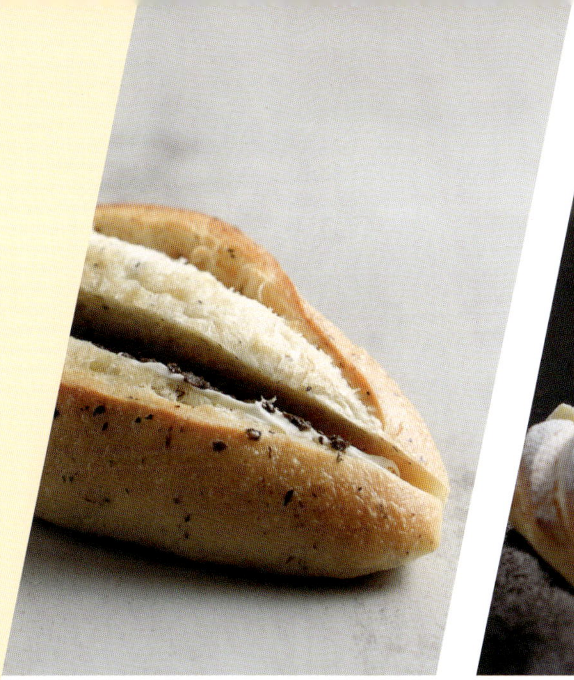

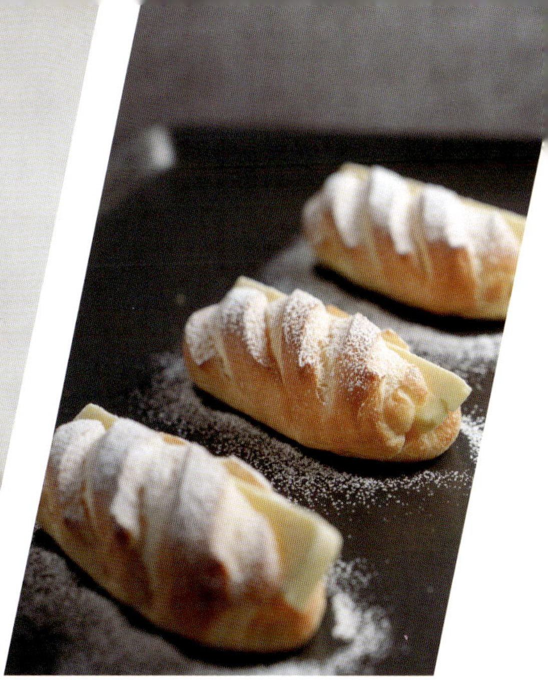

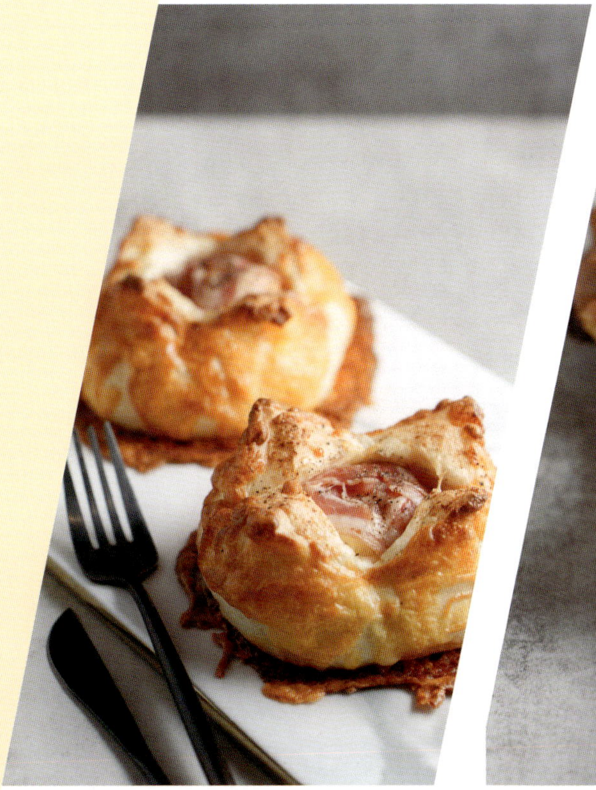

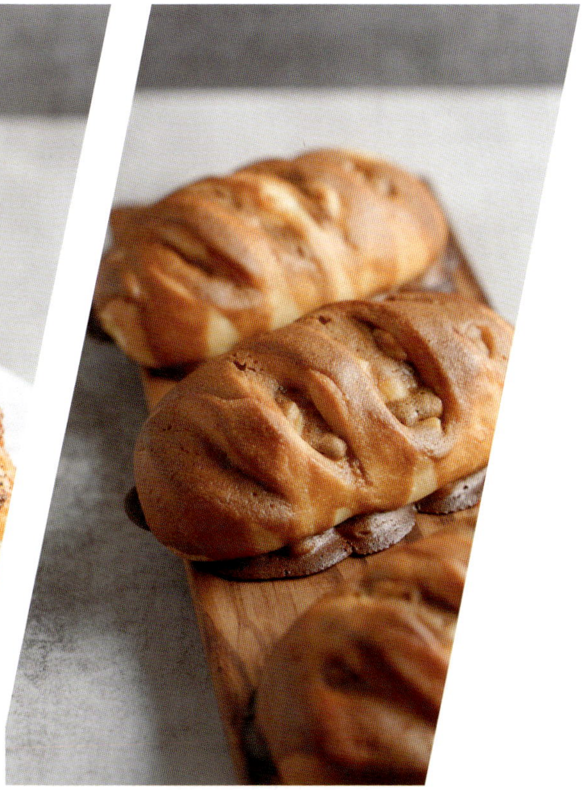

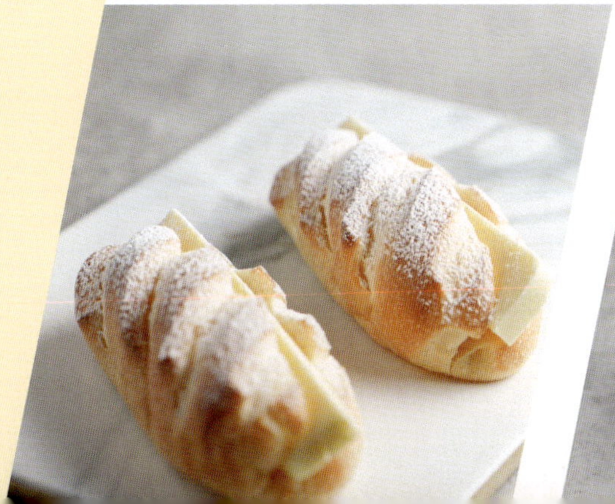

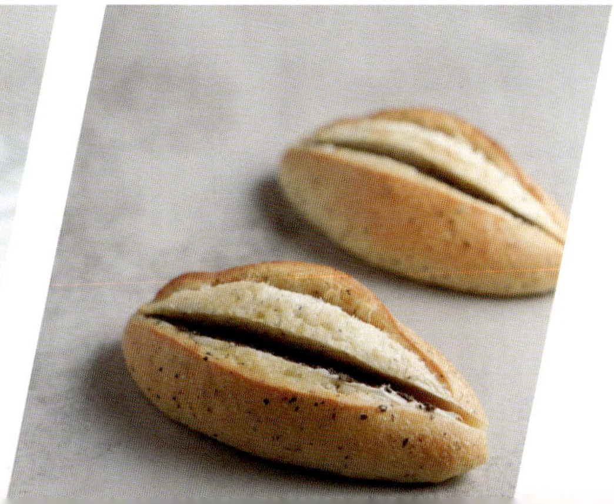

Soft European Bread Dough

奶香生軟歐包麵團

材料	%
高筋麵粉	100
細砂糖	10
鹽	1.8
全脂奶粉	3
低糖乾酵母粉	1
牛奶	15
全蛋	5
水	47
湯種	20
無鹽奶油	10
合計	**212.8**

中心溫度　25°C

基本發酵　50 分鐘、室溫 30°C

/ 生軟歐包 / *Soft European Bread* /

材料放入攪拌缸中

1 高筋麵粉、細砂糖、鹽、全脂奶粉、低糖乾酵母粉放入攪拌缸中。

2 加入水。

3 加入牛奶。

攪拌

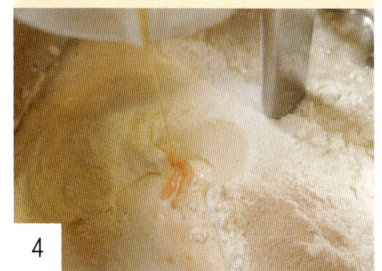

4 加入全蛋。

加入老麵

5 使用勾狀,慢速攪拌成團。成團後加入湯種,轉快速攪拌均勻。

薄膜狀態

6 確認麵團狀態,形成薄膜。

加入無鹽奶油

7 加入無鹽奶油,快速攪拌。

延展狀態

8 確認麵團狀態,有延展性且光滑麵團。

基本發酵

9 中心溫度 25°C,放入室溫 30°C,基本發酵 50 分鐘。

79

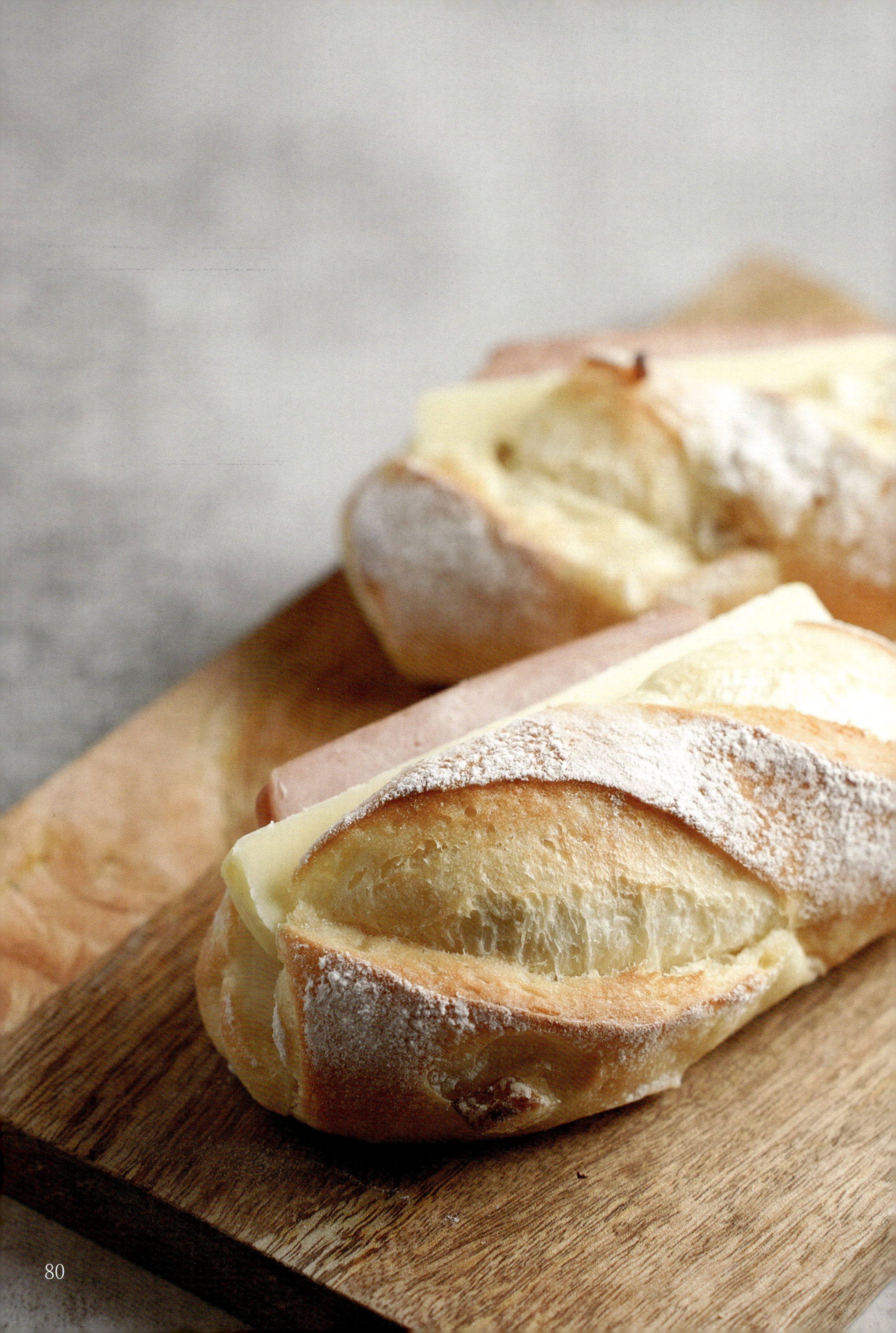

/ 生軟歐包 Soft European Bread /

Potato Butter Ham Bread

洋芋黃油火腿麵包

材料	%
奶香生軟歐包麵團 P.78 材料作法	212.8
烤洋芋丁	30
合計	**242.8**

出爐裝飾	
馬茲卡邦乳酪	20 公克 / 每個
火腿片	1 片 / 每個
有鹽奶油	20 公克 / 每個

基本發酵	50 分鐘、室溫 30°C
分割重量	100 公克
中間發酵	20～30 分鐘、室溫 30°C
整型	麵團擀開 由上往下捲起成短棍狀
最後發酵	50 分鐘、室溫 30～35°C
烤前裝飾	表面撒上高筋麵粉，割 2 刀
烘烤烤溫	上下火 220/150°C
蒸氣時間	3 秒
烘烤時間	15～18 分鐘
出爐裝飾	放涼斜切開 抹上馬茲卡邦乳酪 20 公克 夾入 1 片火腿片 擺入有鹽奶油 20 公克

製作洋芋軟歐麵團		**基本發酵**
1 請參考 P.78 麵團材料作法，取相對比例的麵團。	2 將麵團、烤洋芋丁放入缸中，槳狀慢速打均勻。	3 取出打好麵團，整圓，基本發酵 50 分鐘，室溫 30°C。
分割滾圓		**中間發酵**
4 分割每個麵團 100 公克。	5 整圓。	6 中間發酵 20～30 分鐘，室溫 30°C。
整形		
7 發酵好麵團取出，沾上手粉（高筋麵粉），輕壓排氣。	8 擀開。	9 翻面，底部壓扁。
		最後發酵
10 由上往下捲起。	11 成短棍狀。	12 最後發酵 50 鐘，室溫 30～35°C。

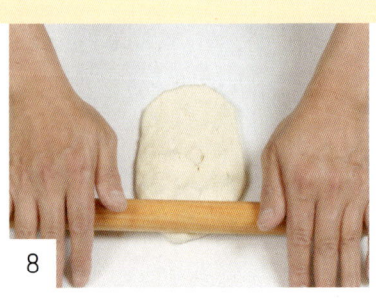

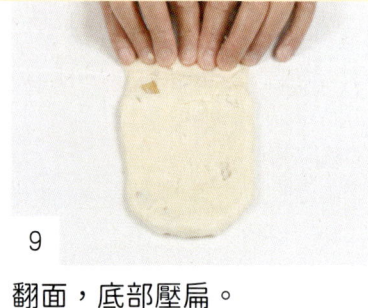

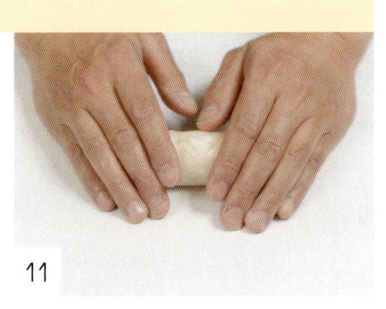

/ 生軟歐包 Soft European Bread /

烤前裝飾

13 發酵好麵團膨脹 2 倍大。

14 表面撒上高筋麵粉。

15 表面斜切 2 刀。

放入烤箱

16 進烤箱上下火 220/150℃，烤 15 ～ 18 分鐘，先噴蒸氣 3 秒。

出爐裝飾

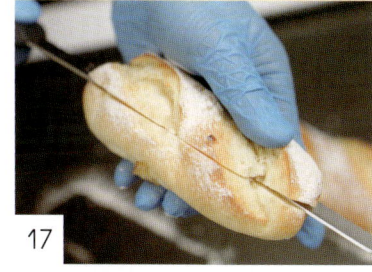

17 出爐放涼，斜切切開。

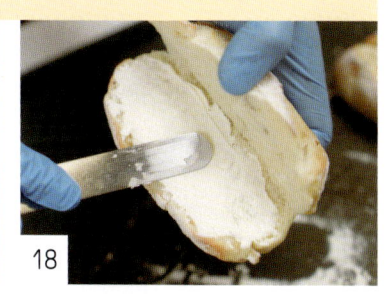

18 抹上馬茲卡邦乳酪 20 公克。

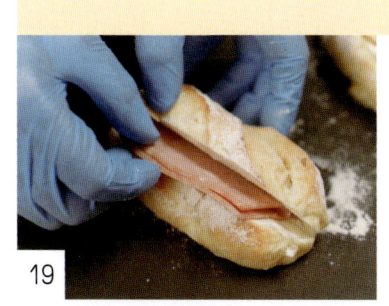

19 夾入一片火腿片。

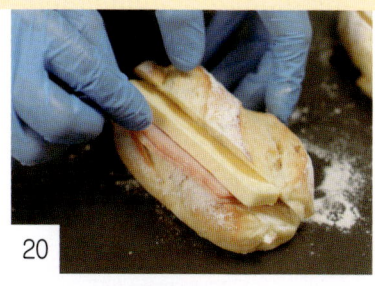

20 放入一片有鹽奶油 20 公克。

21 完成。

Cheese Bacon Bread

芝士培根麵包

材料	%
奶香生軟歐包麵團 P.78 材料作法	212.8
合計	212.8

內餡	
奶油乳酪	20 公克 / 每個
培根	半片 / 每個
乳酪絲	15 公克 / 每個

烤前裝飾	
黑胡椒粉	適量

基本發酵	50 分鐘、室溫 30°C
分割重量	100 公克
中間發酵	20 ～ 30 分鐘、室溫 30°C
整型	麵團擀開 包培根半片、奶油乳酪 20 公克 底部捏緊成圓球狀 表面噴水撒上乳酪絲 15 公克
最後發酵	60 分鐘、室溫 30 ～ 35°C
烤前裝飾	表面剪十字型，撒上黑胡椒粉
烘烤烤溫	上下火 200/150°C
蒸氣時間	3 秒
烘烤時間	15 ～ 18 分鐘

/ 生軟歐包 Soft European Bread /

基本發酵

1
請參考 P.78 材料作法，取相對比例的麵團基本發酵 50 分鐘，室溫 30°C。

分割滾圓、中間發酵

2
分割每個麵團 100 公克重，滾圓，中間發酵 20～30 分鐘，室溫 30°C。

整形包餡

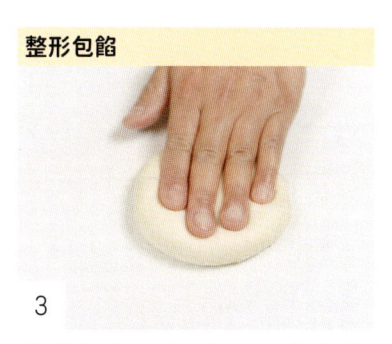

3
發酵好麵團沾上高筋麵粉輕拍，翻面。

4
包入培根半片。

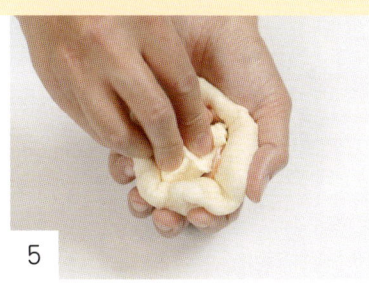

5
再包入奶油乳酪 20 公克。

6
收口捏緊成圓球狀。

7
放上烤盤，表面噴水。

8
鋪上乳酪絲 15 公克。

最後發酵

9
進行最後發酵 60 分鐘，室溫 30～35°C。

烤前裝飾

10
表面剪十字型。

11
打開，撒上黑胡椒粉。

放入烤箱

12
進烤箱上下火 200/150°C，烤 15～18 分鐘，先噴蒸氣 3 秒。

Condensed Milk Butter Bread

煉乳黃油麵包

材料	%
奶香生軟歐包麵團 P.78 材料作法	212.8
合計	**212.8**

出爐裝飾	
煉乳	5 公克 / 每個
無鹽奶油	20 公克 / 每個
防潮糖粉	適量

基本發酵	50 分鐘、室溫 30°C
分割重量	70 公克
中間發酵	20～30 分鐘、室溫 30°C
整型	麵團擀開 由上往下捲起成短棍狀
最後發酵	50 分鐘、室溫 30～35°C
烤前裝飾	表面斜切 4 刀
烘烤烤溫	上下火 220/150°C
蒸氣時間	3 秒
烘烤時間	12～14 分鐘
出爐裝飾	放涼斜切開 抹上煉乳 5 公克 放入一片無鹽奶油 20 公克 表面撒上防潮糖粉

/ 生軟歐包　Soft European Bread /

基本發酵

1 請參考 P.78 材料作法，取相對比例的麵團基本發酵 50 分鐘，室溫 30°C。

分割滾圓、中間發酵

2 分割每個麵團 70 公克重，滾圓，中間發酵 20～30 分鐘，室溫 30°C。

整形

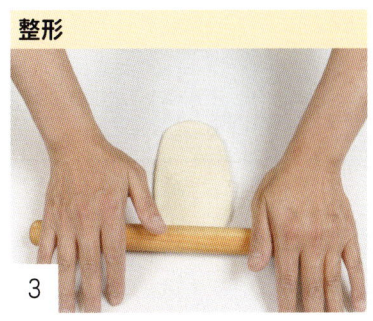

3 發酵好麵團沾上高筋麵粉輕拍，擀開。

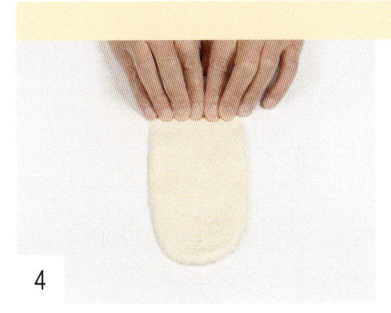

4 翻面，底部壓扁。

5 由上往下捲起，成短棍狀。

最後發酵

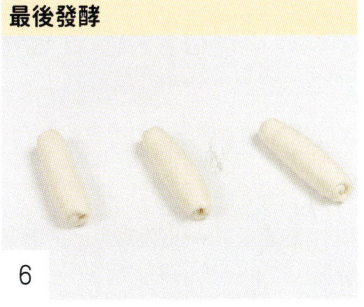

6 放上烤盤，最後發酵 50 分鐘，室溫 30～35°C。

烤前裝飾

7 表面斜切 4 刀。

放入烤箱

8 進烤箱上下火 220/150°C，烤 12～14 分鐘，先噴蒸氣 3 秒。

出爐裝飾

9 出爐放涼。

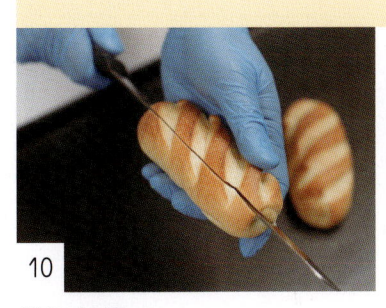

10 斜切切開。

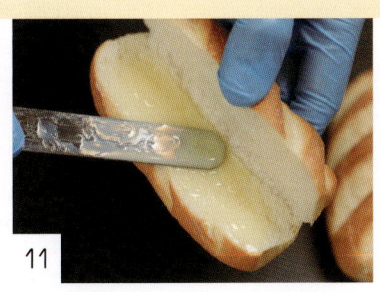

11 抹上煉乳 5 公克，再放入一片無鹽奶油 20 公克。

12 表面撒上防潮糖粉。

87

Black Truffle Bread

黑松露麵包

材料	%
奶香生軟歐包麵團 P.78 材料作法	212.8
黑松露醬	7
合計	**219.8**

烤前裝飾	
無鹽奶油	2 公克 / 每個

出爐裝飾	
馬茲卡邦乳酪	30 公克 / 每個
黑松露醬	7 公克 / 每個

基本發酵	50 分鐘、室溫 30°C
分割重量	100 公克
中間發酵	20 ～ 30 分鐘、室溫 30°C
整型	麵團擀開，一端不擀開 由上往下捲起，捲成橄欖型
最後發酵	50 分鐘、室溫 30 ～ 35°C
烤前裝飾	表面中間切一刀 擠上無鹽奶油 2 公克
烘烤烤溫	上下火 220/150°C
蒸氣時間	3 秒
烘烤時間	12 ～ 15 分鐘
出爐裝飾	放涼斜切開 抹上馬茲卡邦乳酪 30 公克 黑松露醬 7 公克

/ 生軟歐包 Soft European Bread /

製作黑松露軟歐麵團、基本發酵

1 請參考 P.78 材料作法，取相對比例的麵團。

2 麵團和黑松露醬放入缸中，拌勻，取出，基本發酵 50 分鐘，室溫 30°C。

分割滾圓、中間發酵

3 分割每個麵團 100 公克重，滾圓，中間發酵 20～30 分鐘，室溫 30°C。

整形

4 發酵好麵團沾上高筋麵粉輕拍排氣。

5 擀開，一端不擀開，翻面，底部壓扁。

6 由上往下捲起成橄欖型。

最後發酵

7 放上烤盤，最後發酵 50 鐘，室溫 30～35°C。

烤前裝飾

8 麵團中間劃一刀。

9 擠入無鹽奶油 2 公克。

放入烤箱

10 進烤箱上下火 220/150°C，先噴蒸氣 3 秒，烤 12～15 分鐘。

出爐裝飾

11 出爐放涼，斜切切開，抹上馬茲卡邦乳酪 30 公克。

12 抹上黑松露醬 7 公克。

89

Cheese Bread

芝士大咖麵包

材料	%
奶香生軟歐包麵團 P.78 材料作法	212.8
合計	**212.8**

內餡	
高熔點乳酪丁	30 公克 / 每個

烤前裝飾	
咖啡酥皮 P.11 材料作法	20 公克 / 每個

基本發酵	50 分鐘、室溫 30°C
分割重量	100 公克
中間發酵	20～30 分鐘、室溫 30°C
整型	麵團擀開 包高熔點乳酪丁 30 公克 由上往下捲起，表面割 4 刀
最後發酵	50 分鐘、室溫 30～35°C
烤前裝飾	表面擠上咖啡酥皮 20 公克
烘烤烤溫	上下火 220/150°C
烘烤時間	12～15 分鐘

/ 生軟歐包 *Soft European Bread* /

基本發酵

1 請參考 P.78 材料作法,取相對比例的麵團,基本發酵 50 分鐘,室溫 30°C。

分割滾圓、中間發酵

2 分割每個麵團 100 公克重,滾圓。

3 中間發酵 20～30 分鐘,室溫 30°C。

整形包餡

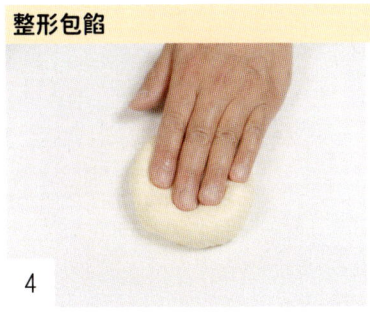

4 發酵好麵團沾上高筋麵粉輕拍排氣。

5 擀開,翻面,底部壓扁。

6 包入高熔點乳酪丁 30 公克。

7 由上往下捲起。

8 表面斜切 4 刀。

最後發酵

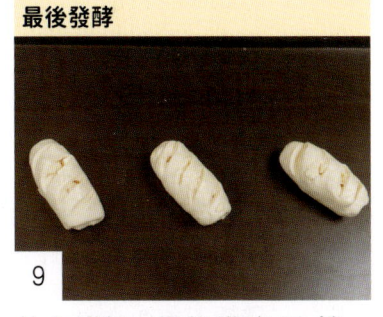

9 放上烤盤,最後發酵 50 鐘,室溫 30～35°C。

10 發酵好麵團膨脹 2 倍大。

烤前裝飾

11 表面擠上咖啡酥皮 20 公克。

放入烤箱

12 進烤箱上下火 220/150°C,烤 12～15 分鐘。

生煎鹽卷麵包

Salt Roll Bread

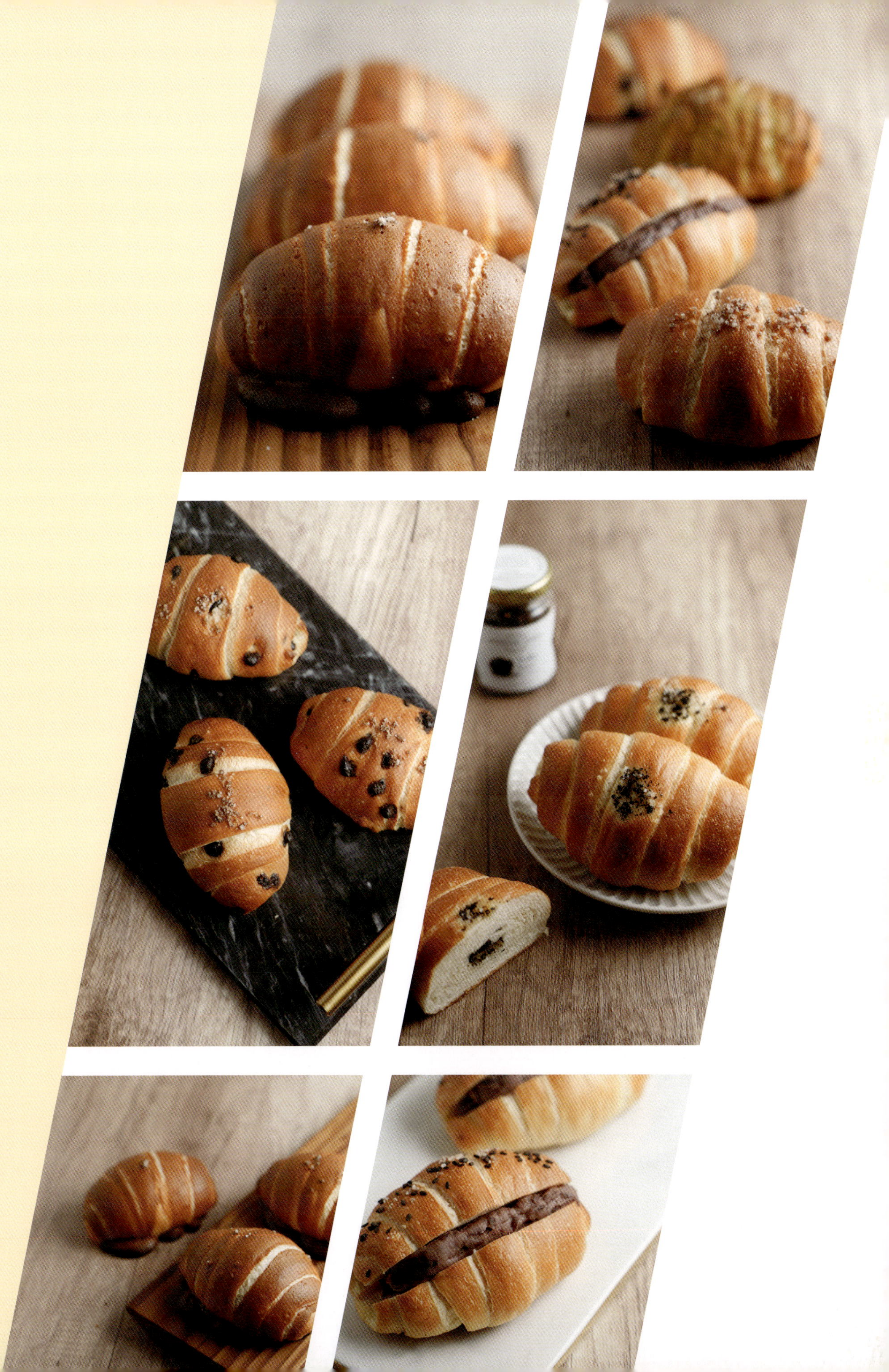

Salt Roll Dough

生煎鹽卷麵團

材料	%
法式麵粉	50
高筋麵粉	50
細砂糖	5
鹽	1.8
全脂奶粉	3
低糖乾酵母粉	1
水	63
老麵	10
無鹽奶油	7
合計	**190.8**

中心溫度	25°C
基本發酵	30 分鐘、室溫 30°C

/ 生煎鹽卷麵包 Salt Roll Bread /

材料放入攪拌缸中

1

法式麵粉、高筋麵粉、細砂糖、鹽、全脂奶粉、低糖乾酵母粉、水放入攪拌缸中。

加入老麵

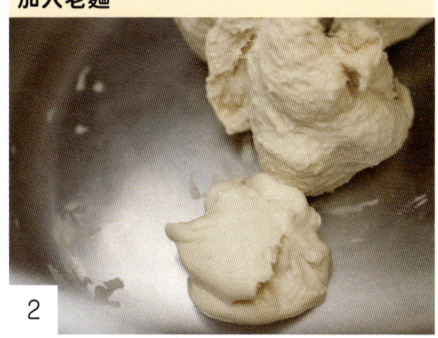

2

使用勾狀，慢速攪拌成團。成團後加入老麵，轉快速攪拌均勻。

薄膜狀態

3

確認麵團狀態，形成薄膜。

加入無鹽奶油

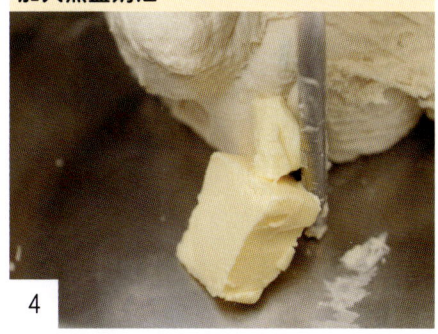

4

加入無鹽奶油，快速攪拌。

延展狀態

5

確認麵團狀態，有延展性且光滑麵團。

基本發酵

6

中心溫度 25°C，放入室溫 30°C，基本發酵 30 分鐘。

Salt Roll Bread

生煎鹽卷麵包

材料	%
生煎鹽卷麵團 P.94 材料作法	190.8
合計	190.8

內餡	
有鹽奶油	10 公克 / 每個

烤前裝飾	
海鹽	適量

基本發酵	30 分鐘、室溫 30°C
分割重量	70 公克
中間發酵	20 分鐘、室溫 30°C
預先整形	搓成水滴狀，冷藏鬆弛 30 分鐘
整型	麵團擀開 包有鹽奶油 10 公克 由上往下捲起成羊角形狀
最後發酵	50 分鐘、室溫 30～35°C
烤前裝飾	表面噴水，中間處撒上海鹽
烘烤烤溫	上下火 230/150°C
蒸氣時間	3 秒
烘烤時間	12～14 分鐘

/ 生煎鹽卷麵包 Salt Roll Bread /

基本發酵

1

請參考 P.94 材料作法，取相對比例的麵團基本發酵 30 分鐘，室溫 30°C。

分割滾圓、中間發酵

2

分割每個麵團 70 公克重，滾圓，中間發酵 20 分鐘，室溫 30°C。

預先整形

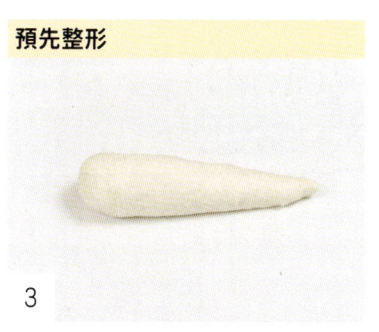

3

預整形成水滴狀，冷藏鬆弛 30 分鐘。

整形包餡

4

由上往下擀開。

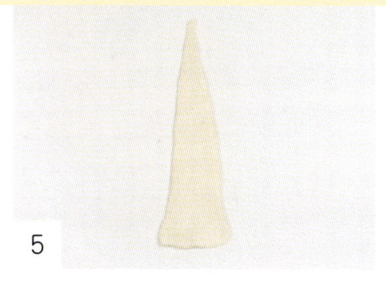

5

翻面，底部壓扁。

6

上緣包入有鹽奶油 10 公克。

7

捲起成羊角形狀。

最後發酵

8

放上烤盤，最後發酵 50 鐘，室溫 30～35°C。

烤前裝飾

9

表面噴水。

10

撒上海鹽。

放入烤箱

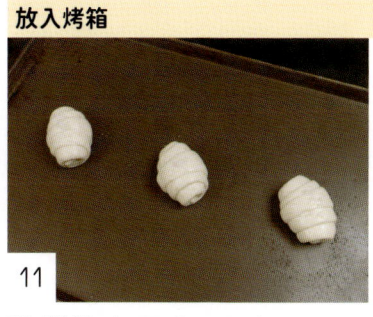

11

進烤箱上下火 230/150°C，烤 12～14 分鐘。

12

先噴蒸氣 3 秒。

Black Truffle Salt Roll Bread

黑松露鹽卷麵包

材料	%
生煎鹽卷麵團 P.94 材料作法	190.8
合計	**190.8**

內餡	
黑松露醬	3 公克 / 每個
有鹽奶油	10 公克 / 每個

烤前裝飾	
黑松露醬	3 公克 / 每個
海鹽	適量

基本發酵	30 分鐘、室溫 30°C
分割重量	70 公克
中間發酵	20 分鐘、室溫 30°C
預先整形	搓成水滴狀，冷藏鬆弛 30 分鐘
整型	麵團擀開 包黑松露醬 3 公克 有鹽奶油 10 公克 由上往下捲起成羊角形狀
最後發酵	50 分鐘、室溫 30～35°C
烤前裝飾	表面噴水 中間處抹上黑松露醬 3 公克 撒上海鹽
烘烤烤溫	上下火 230/150°C
蒸氣時間	3 秒
烘烤時間	12～14 分鐘

/ 生煎鹽卷麵包 Salt Roll Bread /

基本發酵

1 請參考 P.94 材料作法，取相對比例的麵團基本發酵 30 分鐘，室溫 30°C。

分割滾圓、中間發酵

2 分割每個麵團 70 公克重，滾圓，中間發酵 20 分鐘，室溫 30°C。

預先整形

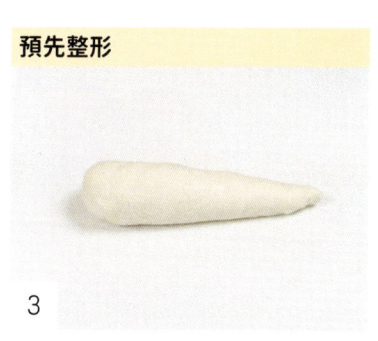

3 預整形成水滴狀，冷藏鬆弛 30 分鐘。

整形包餡

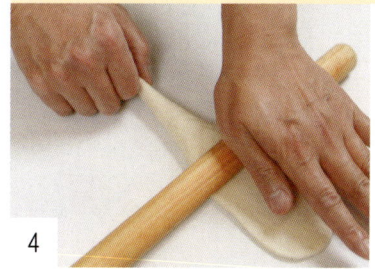

4 由上往下擀開。

5 翻面，底部壓扁。

6 上緣抹上黑松露醬 3 公克。

7 包入有鹽奶油 10 公克，捲起成羊角形狀。

最後發酵

8 放上烤盤，最後發酵 50 鐘，室溫 30～35°C。

烤前裝飾

9 表面噴水。

10 抹上黑松露醬 3 公克。

11 撒上海鹽。

放入烤箱

12 進烤箱上下火 230/150°C，先噴蒸氣 3 秒，烤 12～14 分鐘。

Coffee Salt Roll Bread

咖啡鹽卷麵包

材料	%
生煎鹽卷麵團 P.94 材料作法	190.8
合計	**190.8**

內餡	
咖啡粉	0.1 公克 / 每個
有鹽奶油	10 公克 / 每個

烤前裝飾	
咖啡酥皮	20 公克 / 每個
海鹽	適量

基本發酵	30 分鐘、室溫 30°C
分割重量	70 公克
中間發酵	20 分鐘、室溫 30°C
預先整形	搓成水滴狀，冷藏鬆弛 30 分鐘
整型	麵團擀開 包咖啡粉 0.1 公克 有鹽奶油 10 公克 由上往下捲起成羊角形狀
最後發酵	50 分鐘、室溫 30～35°C
烤前裝飾	表面擠上咖啡酥皮 20 公克 撒上海鹽
烘烤烤溫	上下火 220/150°C
烘烤時間	14～16 分鐘

/ 生煎鹽卷麵包　Salt Roll Bread /

基本發酵

1

請參考 P.94 材料作法，取相對比例的麵團基本發酵 30 分鐘，室溫 30°C。

分割滾圓、中間發酵

2

分割每個麵團 70 公克重，滾圓，中間發酵 20 分鐘，室溫 30°C。

預先整形

3

預整形成水滴狀，冷藏鬆弛 30 分鐘。

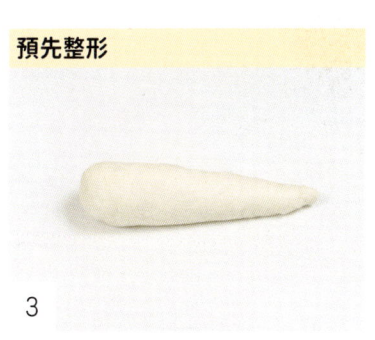

整形包餡

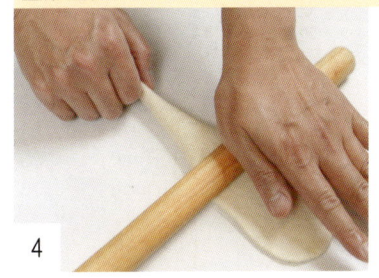

4

由上往下擀開。

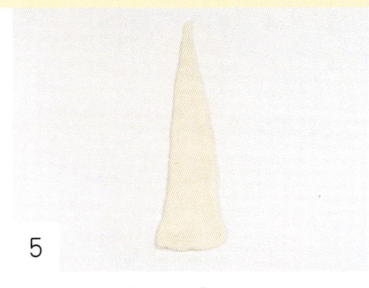

5

翻面，底部壓扁。

6

上緣包入咖啡粉 0.1 公克。

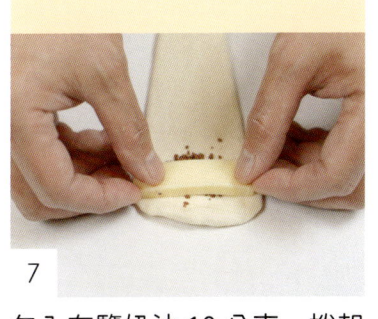

7

包入有鹽奶油 10 公克，捲起成羊角形狀。

最後發酵

8

放上烤盤，最後發酵 50 鐘，室溫 30～35°C。

烤前裝飾

9

表面擠上咖啡酥皮 20 公克。

10

撒上海鹽。

11

進烤箱上下火 220/150°C。

放入烤箱

12

烤 14～16 分鐘。

101

Red Bean Salt Roll Bread

紅豆鹽卷麵包

材料	%
生煎鹽卷麵團 P.94 材料作法	190.8
合計	**190.8**

內餡	
有鹽奶油	10 公克 / 每個

烤前裝飾	
黑芝麻粒	適量
海鹽	適量

出爐裝飾	
紅豆餡	15 公克 / 每個

基本發酵	30 分鐘、室溫 30°C
分割重量	70 公克
中間發酵	20 分鐘、室溫 30°C
預先整形	搓成水滴狀，冷藏鬆弛 30 分鐘
整型	麵團擀開 包有鹽奶油 10 公克 由上往下捲起成羊角形狀
最後發酵	50 分鐘、室溫 30～35°C
烤前裝飾	表面噴水中間處撒上黑芝麻粒 撒上海鹽
烘烤烤溫	上下火 230/150°C
蒸氣時間	3 秒
烘烤時間	14～16 分鐘
出爐裝飾	橫切開擠上紅豆餡 15 公克

/ 生煎鹽卷麵包 Salt Roll Bread /

基本發酵

1 請參考 P.94 材料作法,取相對比例的麵團基本發酵 30 分鐘,室溫 30°C。

分割滾圓、中間發酵

2 分割每個麵團 70 公克重,滾圓,中間發酵 20 分鐘,室溫 30°C。

預先整形

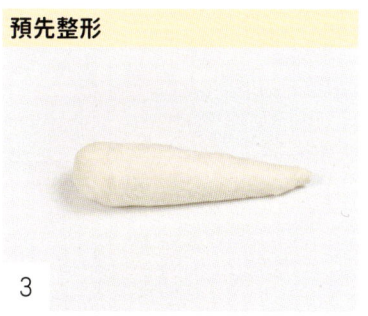

3 預整形成水滴狀,冷藏鬆弛 30 分鐘。

整形包餡

4 由上往下擀開。

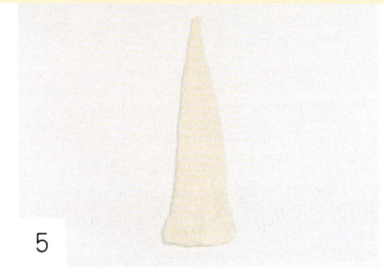

5 翻面,底部壓扁。

6 包入有鹽奶油 10 公克,捲起成羊角形狀。

最後發酵

7 放上烤盤,最後發酵 50 鐘,室溫 30～35°C。

烤前裝飾

8 表面噴水。

9 撒上黑芝麻粒。

10 撒上海鹽。

放入烤箱

11 進烤箱上下火 230/150°C,先噴蒸氣 3 秒,烤 14～16 分鐘。

出爐裝飾

12 出爐放涼,斜切開擠入紅豆餡 15 公克。

Dark Chocolate Salt Roll Bread

黑巧鹽卷麵包

材料	%
生煎鹽卷麵團 P.94 材料作法	190.8
黑水滴巧克力豆	20
合計	**210.8**

內餡	
有鹽奶油	10 公克 / 每個
黑水滴巧克力豆	3 公克 / 每個

烤前裝飾	
海鹽	適量

基本發酵	30 分鐘、室溫 30°C
分割重量	70 公克
中間發酵	20 分鐘、室溫 30°C
預先整形	搓成水滴狀，冷藏鬆弛 30 分鐘
整型	麵團擀開 包入黑水滴巧克力豆 3 公克 有鹽奶油 10 公克 由上往下捲起成羊角形狀
最後發酵	50 分鐘、室溫 30～35°C
烤前裝飾	表面噴水，中間處撒上海鹽
烘烤烤溫	上下火 230/150°C
蒸氣時間	3 秒
烘烤時間	14～16 分鐘

/ 生煎鹽卷麵包　Salt Roll Bread /

製作黑巧鹽卷麵團、基本發酵

1 請參考 P.94 材料作法，取相對比例的麵團。

2 麵團和黑水滴巧克力豆放入缸中，拌勻，取出，基本發酵 30 分鐘，室溫 30°C。

分割滾圓、中間發酵

3 分割每個麵團 70 公克重，滾圓，中間發酵 20 分鐘，室溫 30°C。

預先整形

4 預整形成水滴狀，冷藏鬆弛 30 分鐘。

整形包餡

5 由上往下擀開，翻面，底部壓扁。

6 包入黑水滴巧克力豆 3 公克。

7 包入有鹽奶油 10 公克，捲起成羊角形狀。

最後發酵

8 放上烤盤，最後發酵 50 鐘，室溫 30～35°C。

烤前裝飾

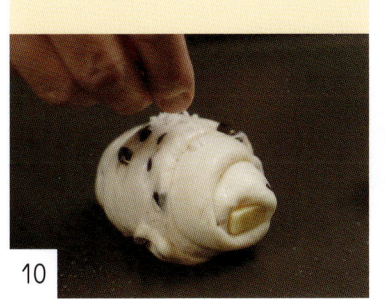

9 表面噴水。

10 撒上海鹽。

放入烤箱

11 進烤箱上下火 230/150°C，先噴蒸氣 3 秒，烤 14～16 分鐘。

12 出爐完成。

105

Matcha Chestnut Salt Roll Bread

抹茶栗子鹽卷麵包

材料	%
生煎鹽卷麵團 P.94 材料作法	190.8
合計	**190.8**

內餡	
栗子泥	7 公克 / 每個
有鹽奶油	10 公克 / 每個

烤前裝飾	
抹茶酥皮 P.11 材料作法	20 公克 / 每個
海鹽	適量

基本發酵	30 分鐘、室溫 30°C
分割重量	70 公克
中間發酵	20 分鐘、室溫 30°C
預先整形	搓成水滴狀，冷藏鬆弛 30 分鐘
整型	麵團擀開 包栗子泥 7 公克 有鹽奶油 10 公克 由上往下捲起成羊角形狀
最後發酵	50 分鐘、室溫 30～35°C
烤前裝飾	表面擠上抹茶酥皮 20 公克 撒上海鹽
烘烤烤溫	上下火 220/150°C
烘烤時間	13～16 分鐘

/ 生煎鹽卷麵包 Salt Roll Bread /

基本發酵
1
請參考 P.94 材料作法,取相對比例的麵團基本發酵 30 分鐘,室溫 30°C。

分割滾圓、中間發酵
2
分割每個麵團 70 公克重,滾圓,中間發酵 20 分鐘,室溫 30°C。

預先整形
3
預整形成水滴狀,冷藏鬆弛 30 分鐘。

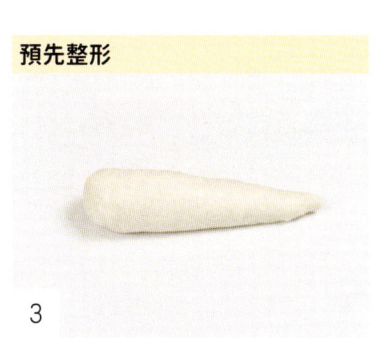

整形包餡
4
由上往下擀開。

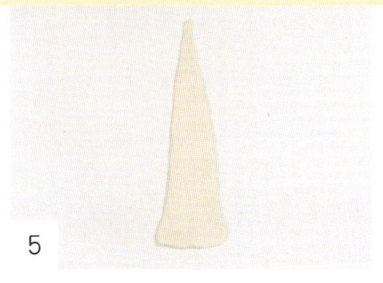

5
翻面,底部壓扁。

6
包入栗子泥 7 公克。

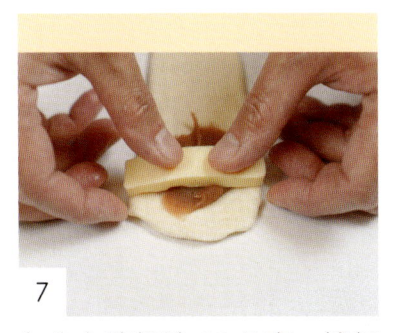

7
包入有鹽奶油 10 公克,捲起成羊角形狀。

最後發酵
8
放上烤盤,最後發酵 50 鐘,室溫 30〜35°C。

烤前裝飾
9
表面擠上抹茶酥皮 20 公克。

10
撒上海鹽。

放入烤箱
11
進烤箱上下火 220/150°C。

12
烤 13〜16 分鐘。

107

軟貝果

Soft Bagel

109

Soft Bagel Dough

軟貝果麵團

材料	%
高筋麵粉	100
細砂糖	6
鹽	1.8
低糖乾酵母粉	1
水	55
老麵	10
無鹽奶油	3
合計	176.8

中心溫度	25°C
基本發酵	15 分鐘、室溫 30°C

材料放入攪拌缸中

1 高筋麵粉、細砂糖、鹽、低糖乾酵母粉、水放入攪拌缸中。

2 加入水。

加入無鹽奶油

3 加入無鹽奶油。

加入老麵

4 使用勾狀，慢速攪拌成團。成團後加入老麵，轉快速攪拌均勻。

延展狀態

5 確認麵團狀態，有延展性且光滑麵團。

基本發酵

6 中心溫度 25°C，放入室溫 30°C，基本發酵 15 分鐘。

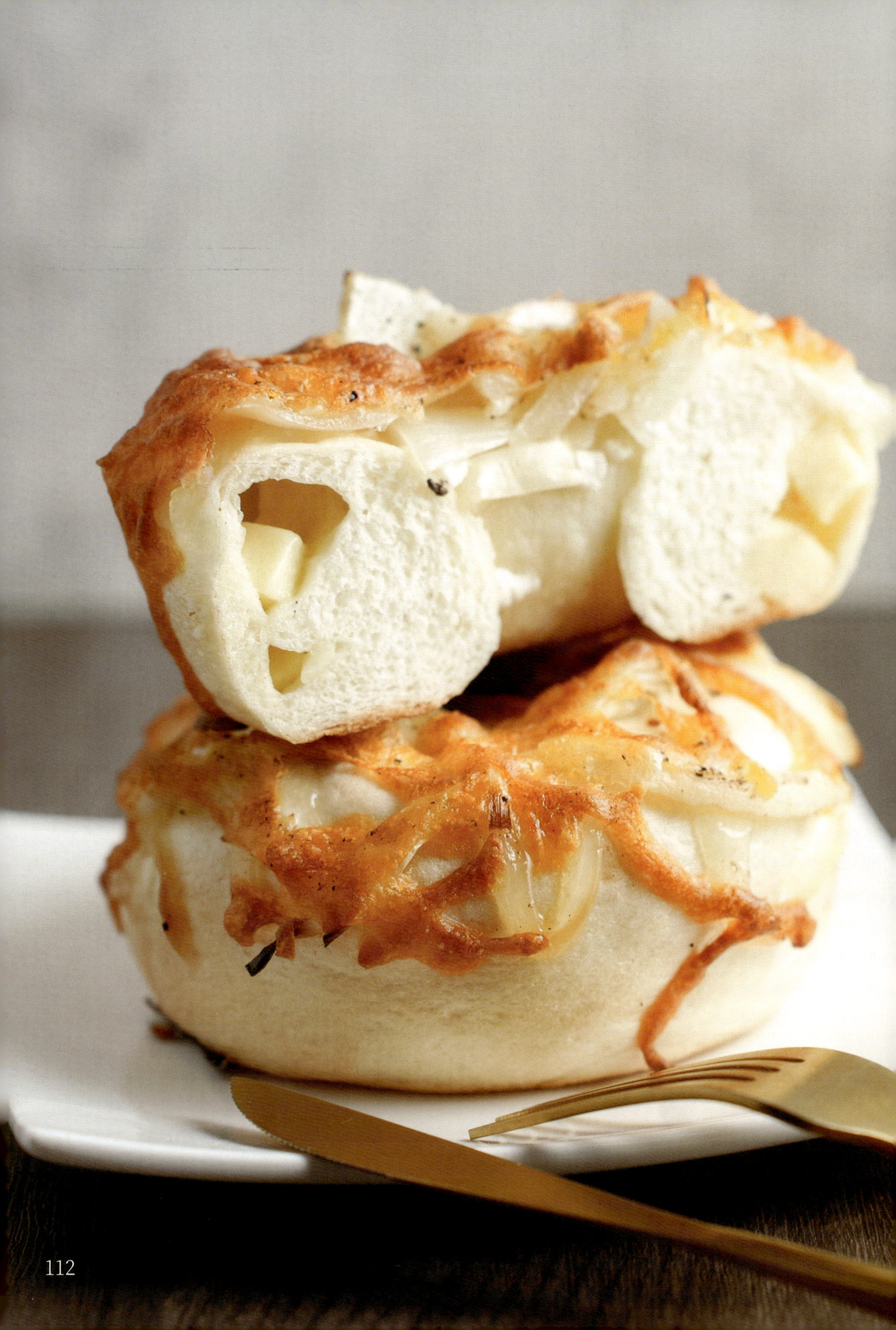

/ 軟貝果　Soft Bagel /

Onion Cheese Bagel

洋蔥芝士貝果

材料	%
軟貝果麵團 P.110 材料作法	176.8
合計	**176.8**

內餡	
高熔點芝士丁	20 公克 / 每個

烤前裝飾	
沙拉醬	7 公克 / 每個
洋蔥絲	15 公克 / 每個
乳酪絲	15 公克 / 每個
黑胡椒粒	少許

基本發酵	15 分鐘、室溫 30°C
分割重量	100 公克
中間發酵	20 分鐘、室溫 30°C
整型	麵團擀開 包高熔點芝士丁 20 公克 由上往下捲起成長條狀 其中一邊剪開擀薄 兩端接起捏緊成圓圈形
最後發酵	40 分鐘、室溫 30°C
滾水燙麵	煮水沸騰後轉小火 放入麵團燙煮，每面約 30 秒 撈起瀝乾放烤盤
烤前裝飾	表面擠上沙拉醬 7 公克 擺上洋蔥絲 15 公克 撒上乳酪絲 15 公克 撒上黑胡椒粒少許
烘烤烤溫	上下火 210/150°C
烘烤時間	16 ～ 18 分鐘

基本發酵

1
請參考 P.110 麵團材料作法，取相對比例的麵團，基本發酵 15 分鐘，室溫 30°C。

分割滾圓

2
使用刮板分割每個麵團 100 公克。

3
整圓。

中間發酵

4
進行中間發酵 20 分鐘，室溫 30°C。

整形

5
發酵好麵團取出，擺橫的。

6
擀開成長方形。

7
翻面，底部壓扁。

8
鋪上高熔點芝士丁 20 公克。

9
由上往下捲起。

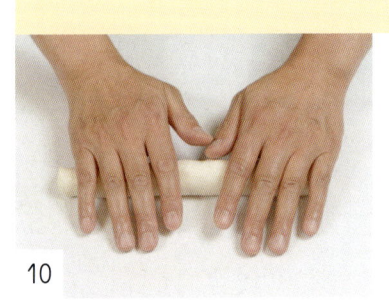

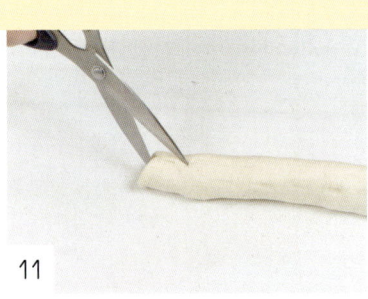

10
搓緊實。

11
一端用剪刀剪開約 3 公分。

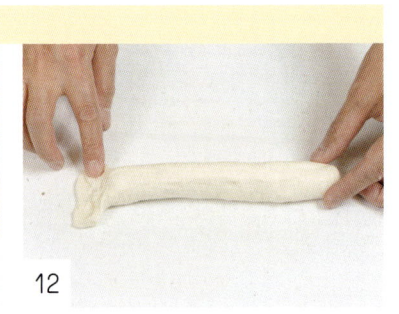

12
壓扁。

/ 軟貝果　Soft Bagel /

13 兩端接起來。

14 包起，捏緊。

最後發酵

15 進行最後發酵 40 鐘，室溫 30°C。

16 發酵好麵團膨脹 1.5 倍大。

滾水燙麵

17 煮一鍋滾水沸騰後轉小火，放入貝果，兩面皆燙 30 秒。

18 撈起，瀝乾。

烤前裝飾

19 放上烤盤，表面擠上沙拉醬 7 公克。

20 擺上洋蔥絲 15 公克。

21 擺上乳酪絲 15 公克。

22 撒上些許黑胡椒。

放入烤箱

23 進烤箱上下火 210/150°C，烤 16～18 分鐘。

24 完成。

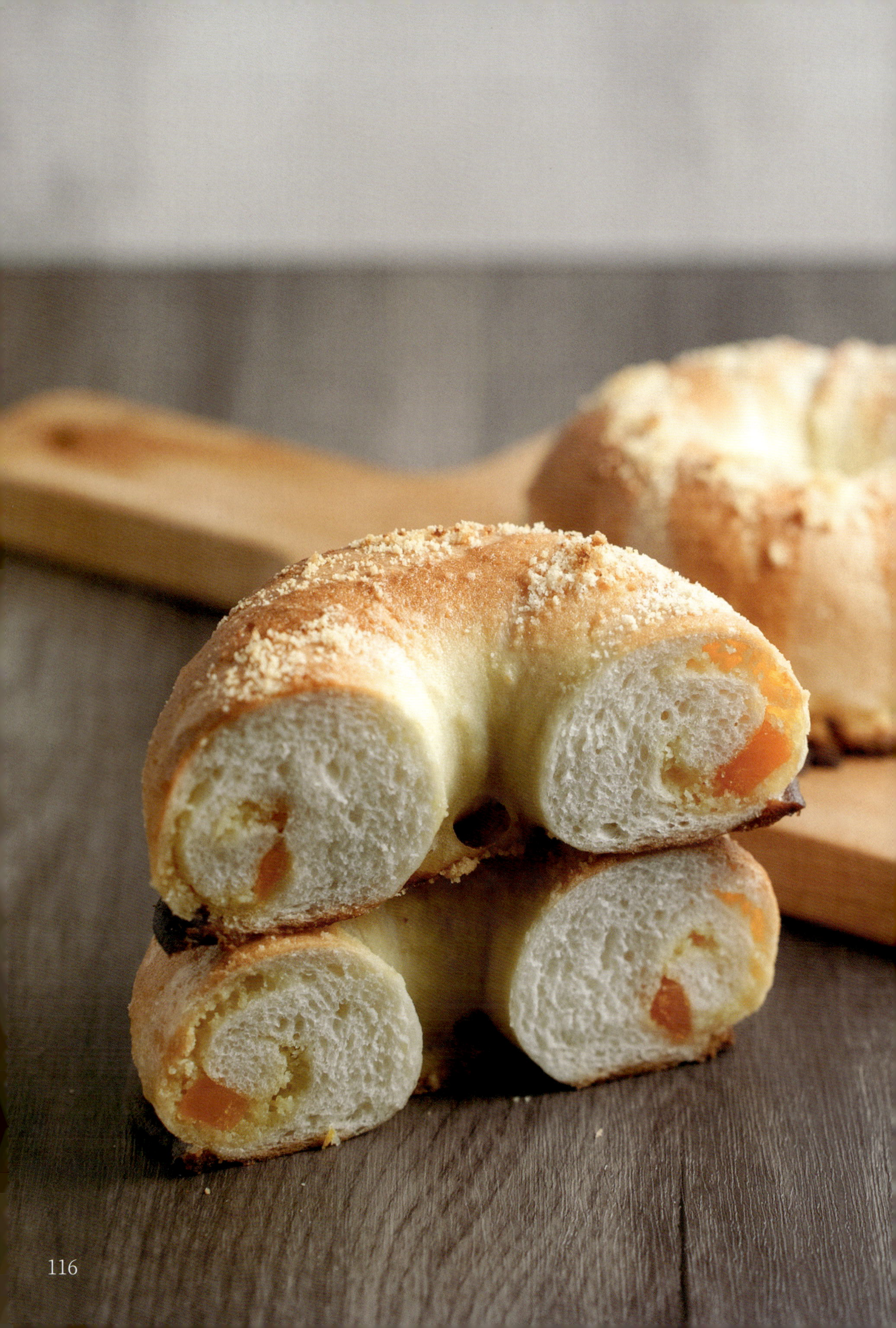

/ 軟貝果　Soft Bagel /

Salted Egg Yolk Buttercream Bagel

金沙奶酥貝果

材料	%
軟貝果麵團 P.110 材料作法	176.8
合計	**176.8**

內餡	
奶酥餡 P.14 材料作法	20 公克 / 每個
熟鹹蛋黃丁	10 公克 / 每個

烤前裝飾	
奶油餅乾皮餡 P.14 材料作法	20 公克 / 每個
杏仁粉	3 公克 / 每個

基本發酵	15 分鐘、室溫 30°C
分割重量	100 公克
中間發酵	20 分鐘、室溫 30°C
整型	麵團擀開 包奶酥餡 20 公克 熟鹹蛋黃丁 10 公克 由上往下捲起成長條狀 其中一邊剪開擀薄 兩端接起捏緊成圓圈形
最後發酵	40 分鐘、室溫 30°C
滾水燙麵	煮水沸騰後轉小火 放入麵團燙煮，每面約 30 秒 撈起瀝乾放烤盤
烤前裝飾	表面擠上奶油餅乾皮餡 20 公克 撒上杏仁粉 3 公克
烘烤烤溫	上下火 210/150°C
烘烤時間	15 ～ 18 分鐘

基本發酵

1
請參考 P.110 麵團材料作法，取相對比例的麵團，基本發酵 15 分鐘，室溫 30°C。

分割滾圓

2
使用刮板分割每個麵團 100 公克。

3
整圓。

中間發酵

4
進行中間發酵 20 分鐘，室溫 30°C。

整形

5
發酵好麵團取出，擺橫的，擀開成長方形。

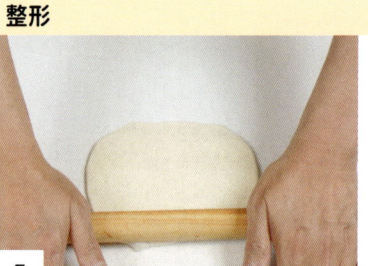

6
翻面，底部壓扁。

7
鋪上奶酥餡 20 公克。

8
擺上鹹蛋黃丁 10 公克。

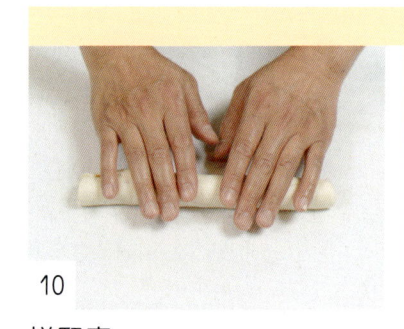

9
由上往下捲起。

10
搓緊實。

11
一端用剪刀剪開約 3 公分。

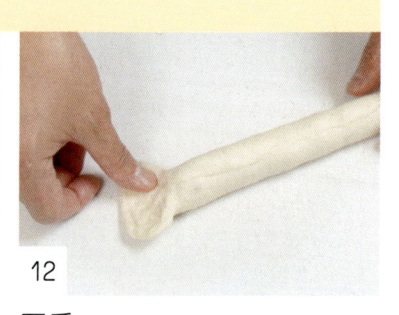

12
壓扁。

/ 軟貝果　Soft Bagel /

13 兩端接起來。

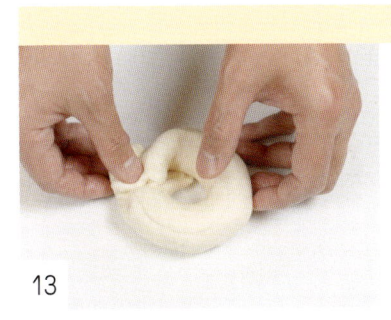

14 包起,捏緊。

最後發酵

15 進行最後發酵 40 鐘,室溫 30°C。

16 發酵好麵團膨脹 1.5 倍大。

滾水燙麵

17 煮一鍋滾水沸騰後轉小火,放入貝果,兩面皆燙 30 秒。

18 撈起,瀝乾。

烤前裝飾

19 放上烤盤,表面擠上奶油餅乾皮餡 20 公克。

20 撒上杏仁粉 3 公克。

放入烤箱

21 進烤箱上下火 210/150°C,烤 15〜18 分鐘。

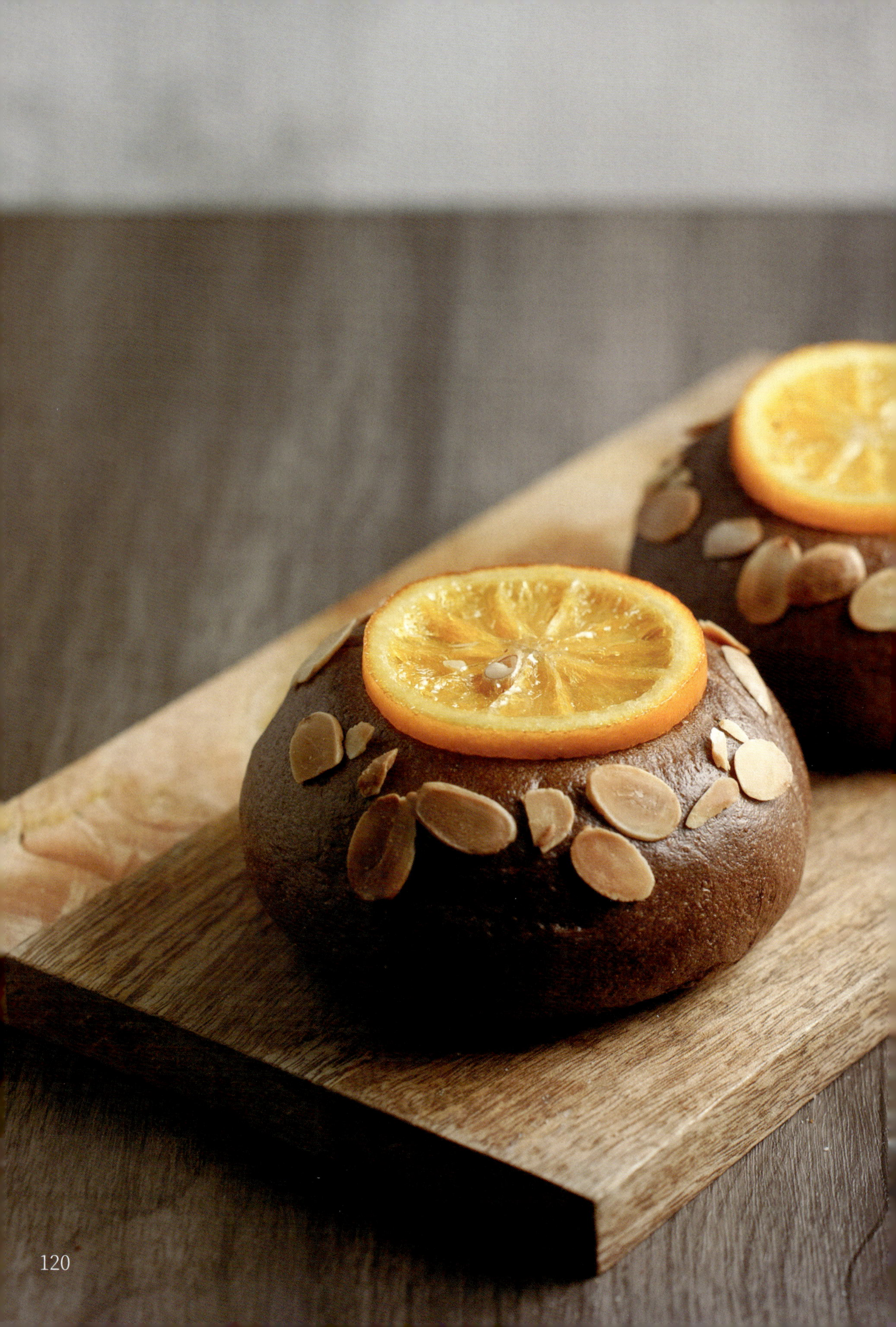

/ 軟貝果　Soft Bagel /

Dark Chocolate Orange Bagel

黑巧香橙貝果

材料	%
軟貝果麵團 P.110 材料作法	176.8
可可粉	4
水	5
合計	**185.8**

內餡	
黑水滴巧克力豆	15 公克 / 每個
橙皮丁	7 公克 / 每個

烤前裝飾	
糖漬橙片 P.12 材料作法	1 片 / 每個
杏仁片	5 公克 / 每個

基本發酵	15 分鐘、室溫 30°C
分割重量	100 公克
中間發酵	20 分鐘、室溫 30°C
整型	麵團擀開 包黑水滴巧克力豆 15 公克 橙皮丁 7 公克 由上往下捲起成長條狀 其中一邊剪開擀薄 兩端接起捏緊成圓圈形
最後發酵	40 分鐘、室溫 30°C
滾水燙麵	煮水沸騰後轉小火 放入麵團燙煮，每面約 30 秒 撈起瀝乾放烤盤
烤前裝飾	表面放上 1 片糖漬橙片 鋪上杏仁片 5 公克
烘烤烤溫	上下火 220/150°C
烘烤時間	16 ～ 18 分鐘

製作可可貝果麵團

1 請參考 P.110 麵團材料作法，取相對比例的麵團。

2 將麵團、可可粉、水放入缸中，槳狀慢速打均勻。

基本發酵

3 取出打好麵團，整圓，基本發酵 15 分鐘，室溫 30°C。

分割滾圓

4 使用刮板分割每個麵團 100 公克。

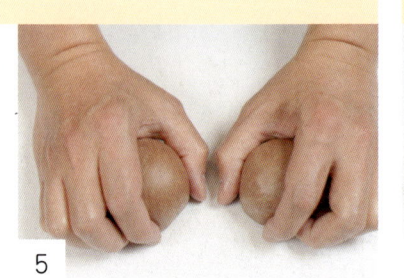

5 整圓。

中間發酵

6 進行中間發酵 20 分鐘，室溫 30°C。

整形

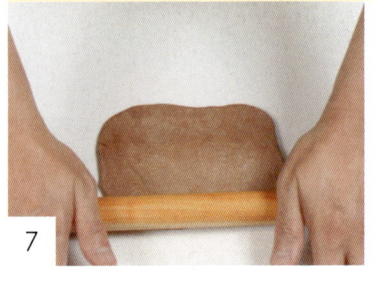

7 發酵好麵團取出，擺橫的，擀開成長方形。

8 翻面，底部壓扁。

9 包黑水滴巧克力豆 15 公克。

10 鋪上橙皮丁 7 公克。

11 由上往下捲起。

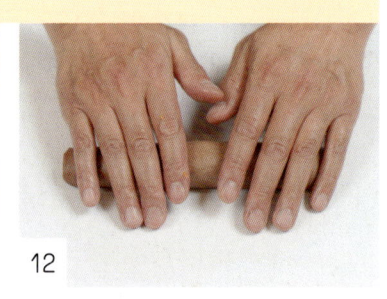

12 搓緊實。

/ 軟貝果　Soft Bagel /

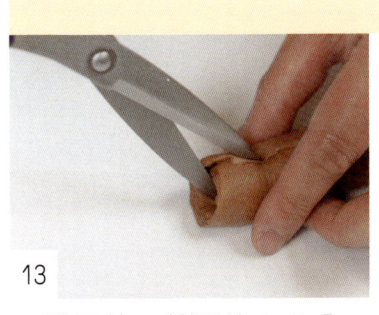

13 一端用剪刀剪開約 3 公分，壓扁將兩端接起來。

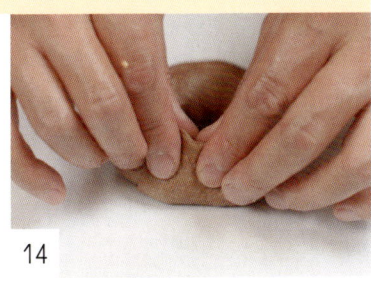

14 包起，捏緊。

最後發酵

15 進行最後發酵 40 鐘，室溫 30°C。

16 發酵好麵團膨脹 1.5 倍大。

滾水燙麵

17 煮一鍋滾水沸騰後轉小火，放入貝果，兩面皆燙 30 秒。

18 撈起，瀝乾。

烤前裝飾

19 表面擺上一片糖漬橙片。

20 擺上杏仁片 5 公克。

放入烤箱

21 進烤箱上下火 220/150°C，烤 16～18 分鐘。

123

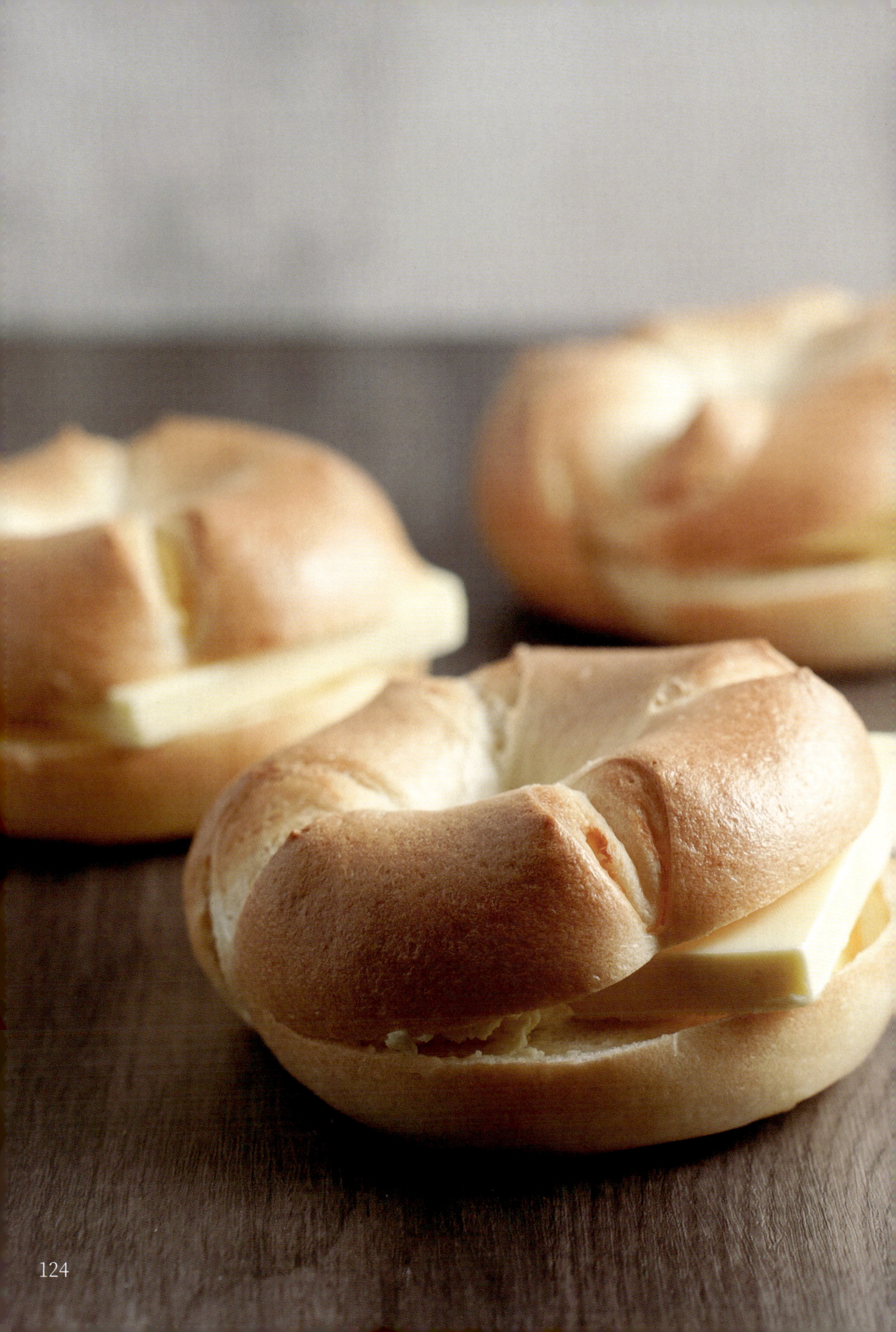

/ 軟貝果　Soft Bagel /

Cream Cheese Bagel

奶油芝士貝果

材料	%
軟貝果麵團 P.110 材料作法	176.8
合計	**176.8**

內餡	
奶油乳酪	30 公克 / 每個

出爐裝飾	
無鹽奶油	20 公克 / 每個

基本發酵	15 分鐘、室溫 30°C
分割重量	100 公克
中間發酵	20 分鐘、室溫 30°C
整型	麵團擀開 抹奶油乳酪 30 公克 由上往下捲起成長條狀 其中一邊剪開擀薄 兩端接起捏緊成圓圈形
最後發酵	40 分鐘、室溫 30°C
滾水燙麵	煮水沸騰後轉小火 放入麵團燙煮，每面約 30 秒 撈起瀝乾放烤盤
烤前裝飾	四邊用剪刀剪一刀
烘烤烤溫	上下火 220/150°C
烘烤時間	16～18 分鐘
出爐裝飾	橫切開放一片無鹽奶油 20 公克

基本發酵

1
請參考 P.110 麵團材料作法，取相對比例的麵團，基本發酵 15 分鐘，室溫 30°C。

分割滾圓

2
使用刮板分割每個麵團 100 公克。

3
整圓。

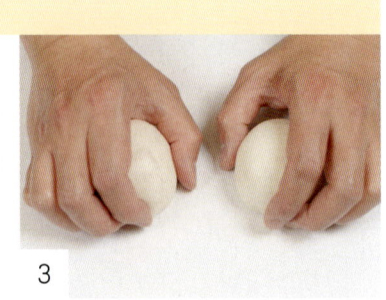

中間發酵

4
進行中間發酵 20 分鐘，室溫 30°C。

整形

5
發酵好麵團取出，擺橫的。

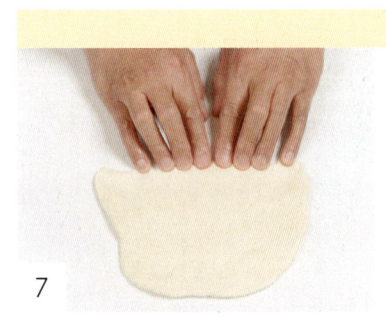

6
擀開成長方形。

7
翻面，底部壓扁。

8
抹上奶油乳酪 30 公克。

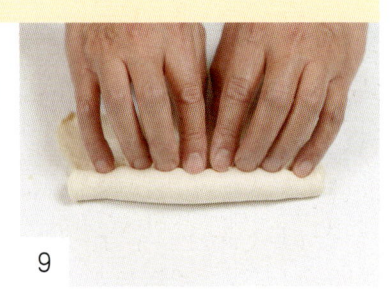

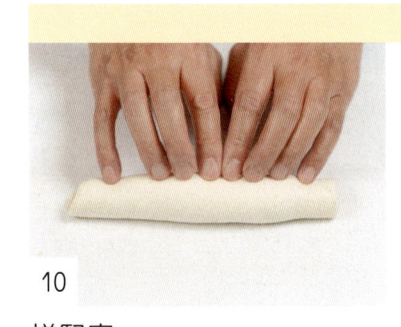

9
由上往下捲起。

10
搓緊實。

11
一端用剪刀剪開約 3 公分。

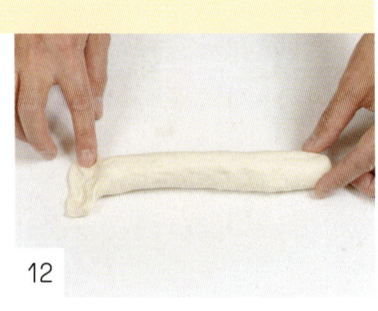

12
壓扁。

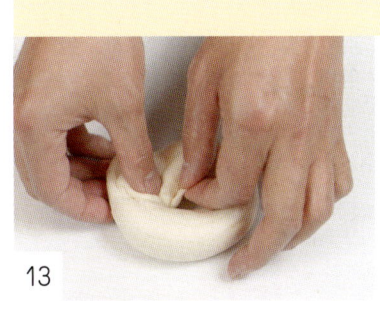

/ 軟貝果　Soft Bagel /

13 兩端接起來。

14 包起，捏緊。

最後發酵
15 進行最後發酵 40 鐘，室溫 30℃。 

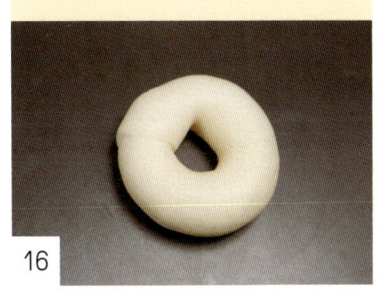

16 發酵好麵團膨脹 1.5 倍大。

滾水燙麵
17 煮一鍋滾水沸騰後轉小火，放入貝果，兩面皆燙 30 秒。 

18 撈起，瀝乾。

烤前裝飾
19 放上烤盤，在表面用剪刀平均剪 4 刀。 

放入烤箱
20 進烤箱上下火 220/150℃。 

21 烤 16～18 分鐘。

出爐裝飾
22 出爐放涼。 

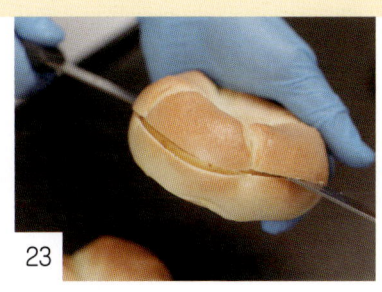

23 橫剖切開。

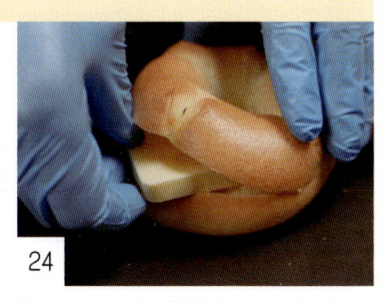

24 擺入一片無鹽奶油 20 公克。

127

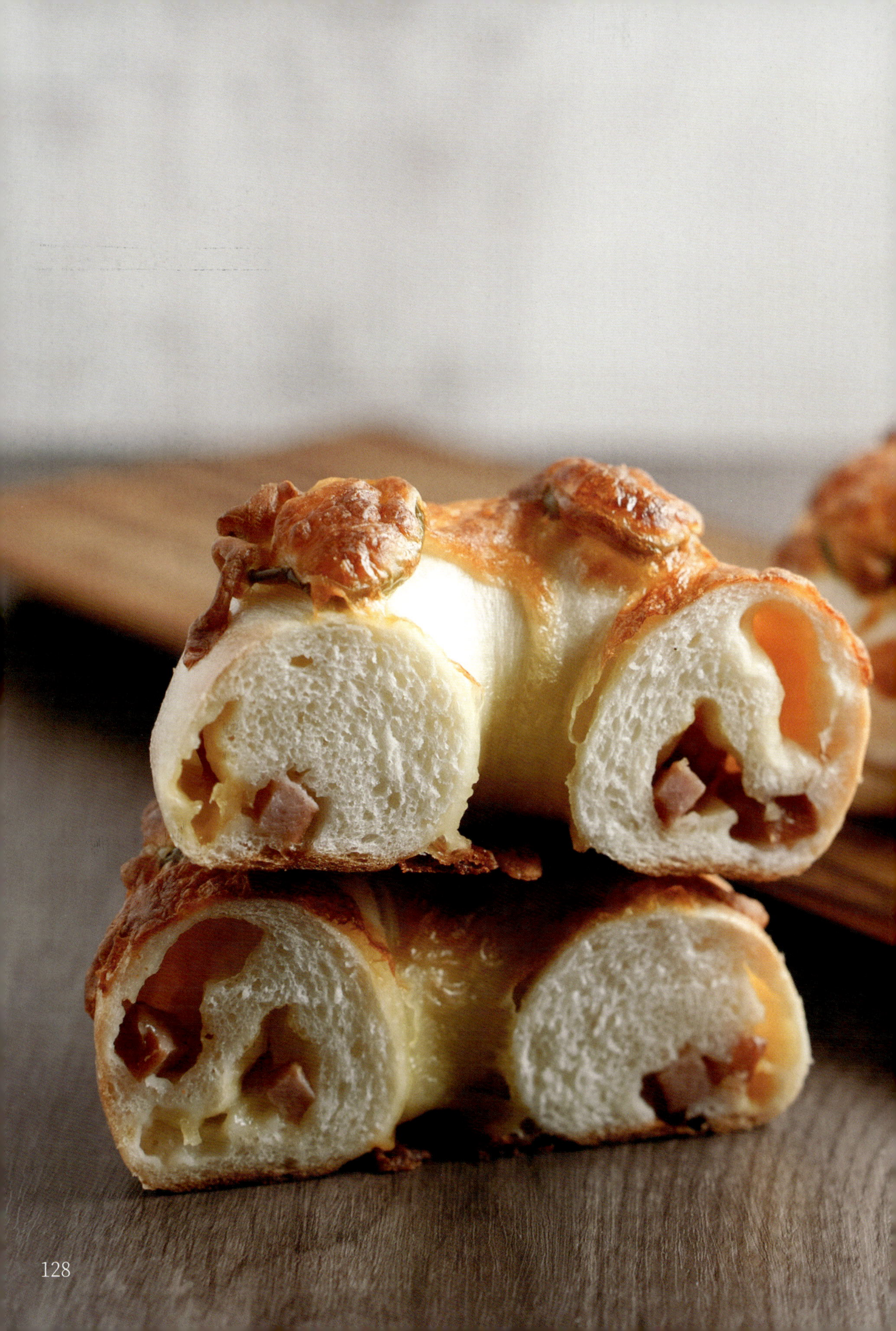

/ 軟貝果　Soft Bagel /

Mexican Crispy Sausage Bagel

墨西哥脆腸貝果

材料	%
軟貝果麵團 P.110 材料作法	176.8
合計	**176.8**

內餡	
德式香腸丁	20 公克 / 每個
乳酪絲	15 公克 / 每個

烤前裝飾	
墨西哥辣椒	4 片 / 每個
乳酪絲	20 公克 / 每個

基本發酵	15 分鐘、室溫 30°C
分割重量	100 公克
中間發酵	20 分鐘、室溫 30°C
整型	麵團擀開 包德式香腸丁 20 公克 乳酪絲 15 公克 由上往下捲起成長條狀 其中一邊剪開擀薄 兩端接起捏緊成圓圈形
最後發酵	40 分鐘、室溫 30°C
滾水燙麵	煮水沸騰後轉小火 放入麵團燙煮，每面約 30 秒 撈起瀝乾放烤盤
烤前裝飾	表面放墨西哥辣椒 4 片 撒上乳酪絲 20 公克
烘烤烤溫	上下火 220/150°C
烘烤時間	16 ～ 18 分鐘

基本發酵	分割滾圓	
1	2	3
請參考 P.110 麵團材料作法，取相對比例的麵團，基本發酵 15 分鐘，室溫 30°C。	使用刮板分割每個麵團 100 公克。	整圓。

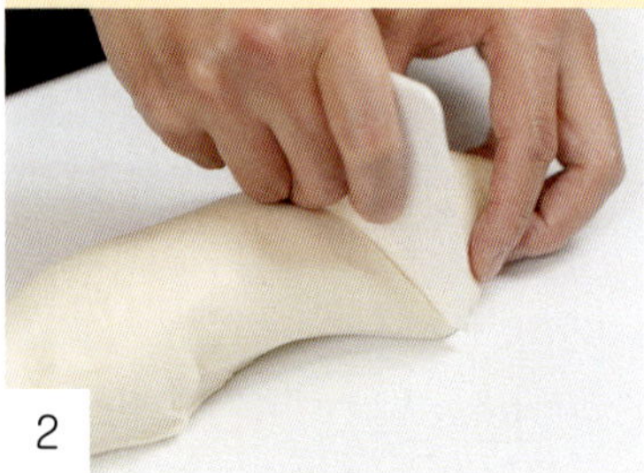

中間發酵	整形	
4	5	6
進行中間發酵 20 分鐘，室溫 30°C。	發酵好麵團取出，擺橫的，擀開成長方形。	翻面，底部壓扁。

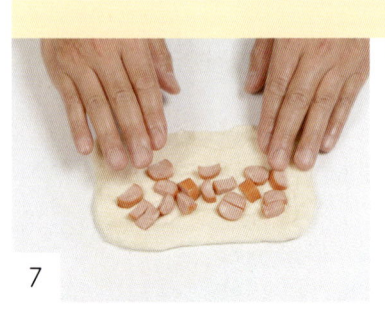

7	8	9
鋪上德式香腸丁 20 公克。	鋪上乳酪絲 15 公克。	由上往下捲起。

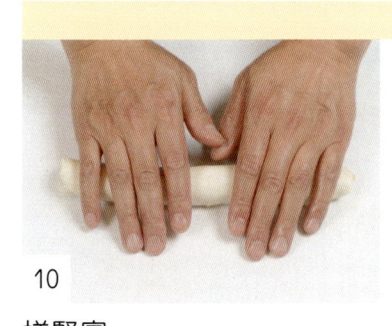

10	11	12
搓緊實。	一端用剪刀剪開約 3 公分。	壓扁。

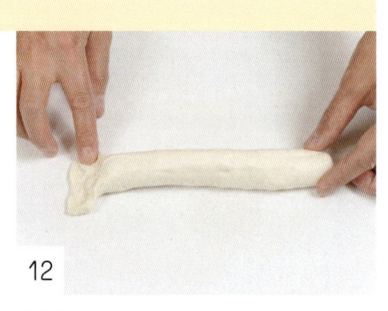

/ 軟貝果　Soft Bagel /

13　兩端接起來。

14　包起，捏緊。

最後發酵

15　進行最後發酵 40 鐘，室溫 30°C。

16　發酵好麵團膨脹 1.5 倍大。

滾水燙麵

17　煮一鍋滾水沸騰後轉小火，放入貝果，兩面皆燙 30 秒。

18　撈起，瀝乾。

烤前裝飾

19　放上烤盤，表面擺上墨西哥辣椒片 4 片。

20　擺上乳酪絲 20 公克。

放入烤箱

21　進烤箱上下火 220/150°C，烤 16～18 分鐘。

131

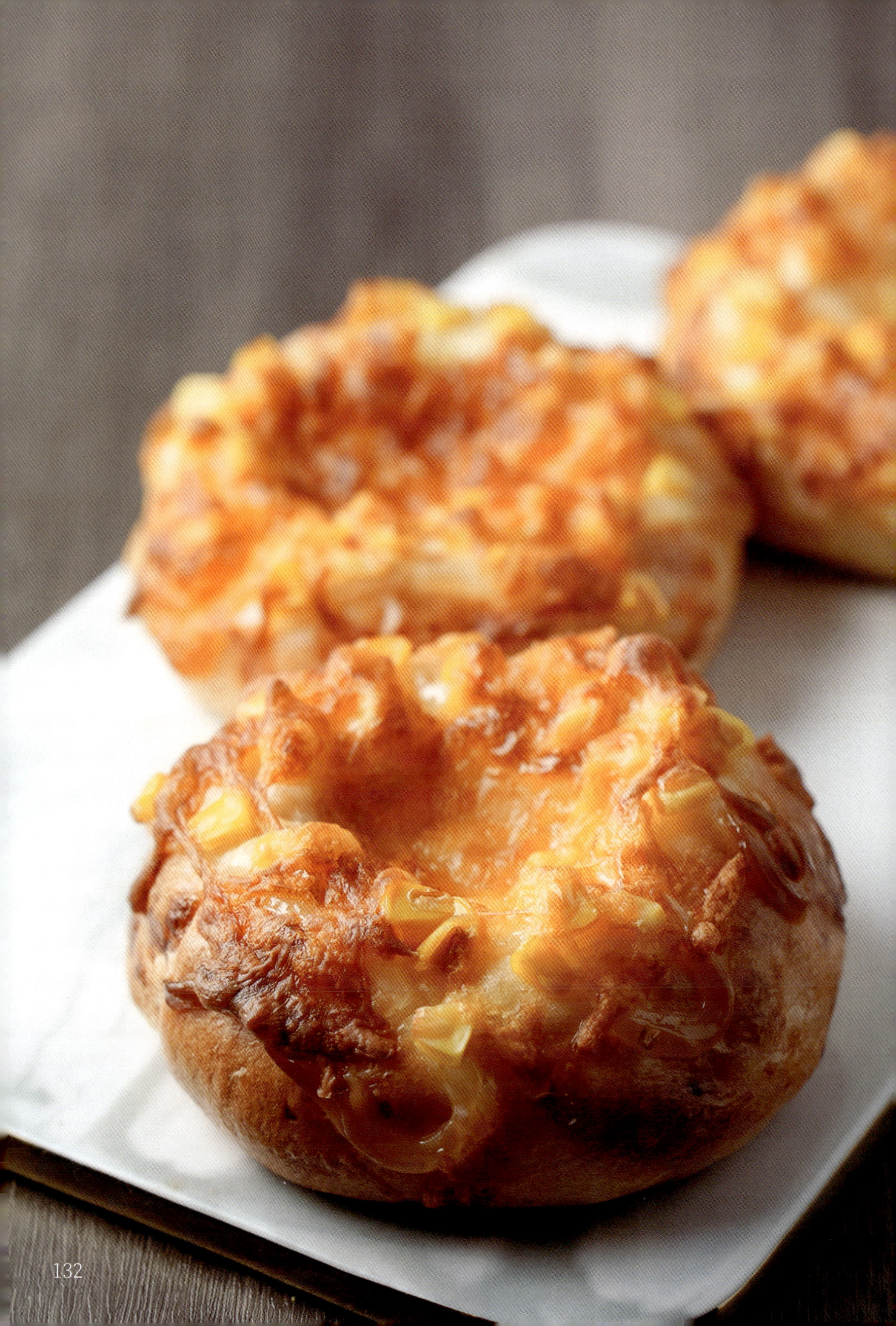

/ 軟貝果　Soft Bagel /

American Corn Cheese Bagel

美式玉米芝士貝果

材料	%
軟貝果麵團 P.110 材料作法	176.8
乳酪絲	20
合計	**196.8**

內餡	
玉米粒	15 公克 / 每個
高熔點乳酪丁	15 公克 / 每個

內餡	
沙拉醬	10 公克 / 每個
玉米粒	20 公克 / 每個
乳酪絲	10 公克 / 每個

基本發酵	15 分鐘、室溫 30°C
分割重量	100 公克
中間發酵	20 分鐘、室溫 30°C
整型	麵團擀開 包玉米粒 15 公克 高熔點乳酪丁 15 公克 由上往下捲起成長條狀 其中一邊剪開擀薄 兩端接起捏緊成圓圈形
最後發酵	40 分鐘、室溫 30°C
滾水燙麵	煮水沸騰後轉小火 放入麵團燙煮，每面約 30 秒 撈起瀝乾放烤盤
烤前裝飾	表面擠上沙拉醬 10 公克 鋪上玉米粒 20 公克 撒上乳酪絲 10 公克
烘烤烤溫	上下火 220/150°C
烘烤時間	16 ～ 18 分鐘

製作芝士貝果麵團		**基本發酵**
1	2	3
請參考 P.110 麵團材料作法，取相對比例的麵團。	將麵團、乳酪絲放入缸中，槳狀慢速打均勻。	取出打好麵團，整圓，基本發酵 15 分鐘，室溫 30°C。

分割滾圓		**中間發酵**
4	5	6
使用刮板分割每個麵團 100 公克。	整圓。	進行中間發酵 20 分鐘，室溫 30°C。

整形

7	8	9
發酵好麵團取出，擺橫的。	擀開成長方形。	翻面，底部壓扁。

10	11	12
鋪上玉米粒 15 公克、高熔點乳酪丁 15 公克。	由上往下捲起。	搓緊實。

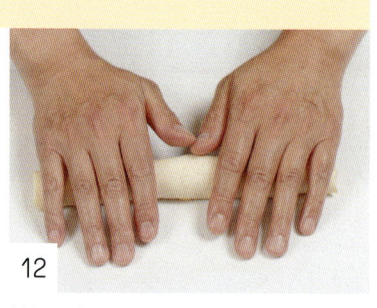

/ 軟貝果　Soft Bagel /

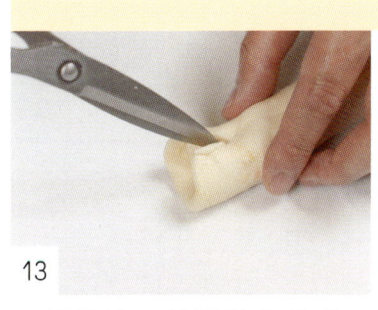

13 一端用剪刀剪開約 3 公分，壓扁將兩端接起來。

14 包起，捏緊。

最後發酵

15 進行最後發酵 40 鐘，室溫 30°C。

16 發酵好麵團膨脹 1.5 倍大。

滾水燙麵

17 煮一鍋滾水沸騰後轉小火，放入貝果，兩面皆燙 30 秒。

18 撈起，瀝乾。

烤前裝飾

19 表面擠上沙拉醬 10 公克、撒上玉米粒 20 公克。

20 撒上乳酪絲 10 公克。

放入烤箱

21 進烤箱上下火 220/150°C，烤 16～18 分鐘。

135

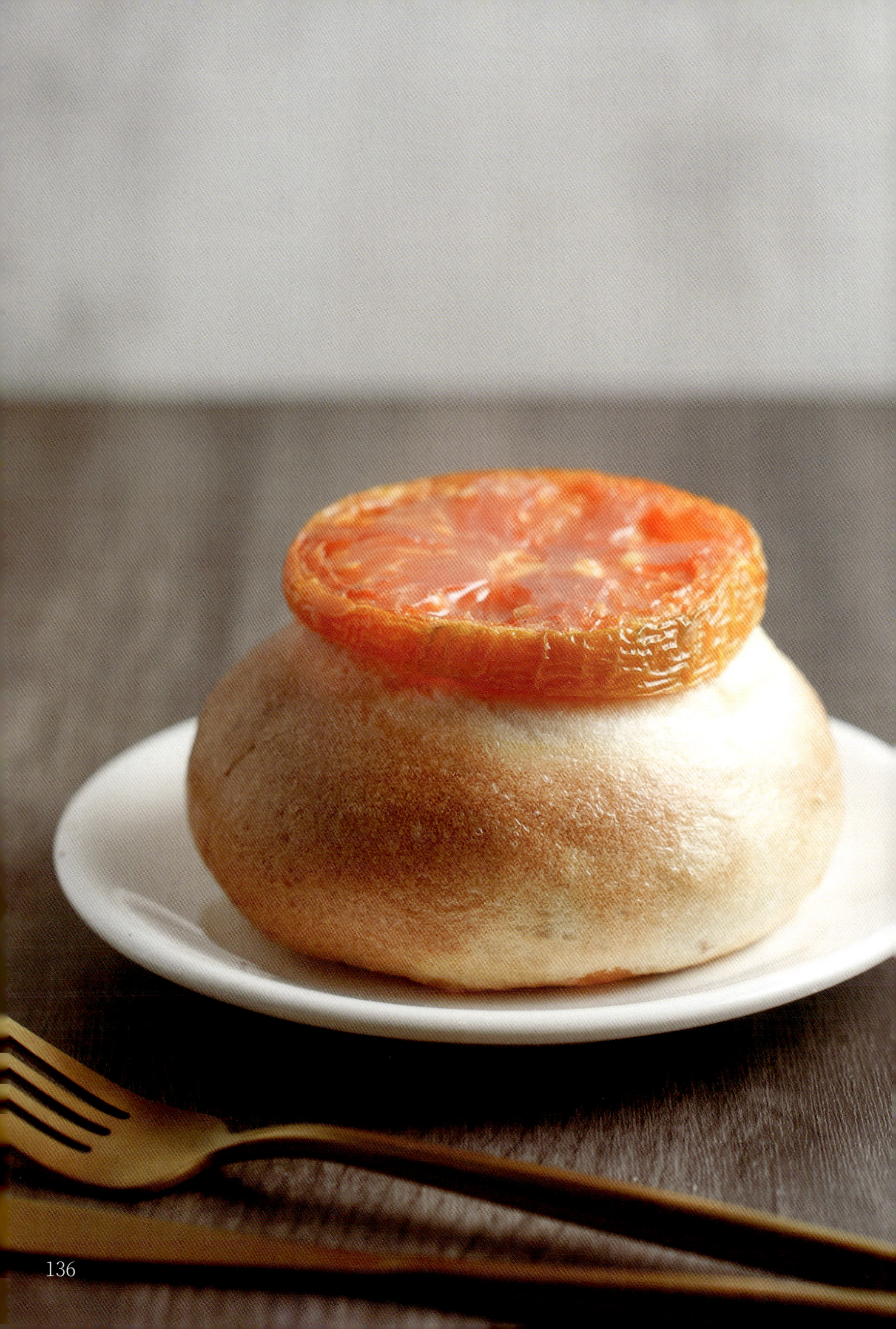

/ 軟貝果　Soft Bagel /

Tomato Cheese Bagel

番茄芝士貝果

材料	%
軟貝果麵團 P.110 材料作法	176.8
合計	**176.8**

內餡	
油漬番茄乾丁	20 公克 / 每個
高熔點乳酪丁	15 公克 / 每個

烤前裝飾	
奶油餅乾皮餡 P.14 材料作法	5 公克 / 每個
新鮮番茄片	1 片 / 每個

基本發酵	15 分鐘、室溫 30°C
分割重量	100 公克
中間發酵	20 分鐘、室溫 30°C
整型	麵團擀開 包油漬番茄乾丁 20 公克 高熔點乳酪丁 15 公克 由上往下捲起成長條狀 其中一邊剪開擀薄 兩端接起捏緊成圓圈形
最後發酵	40 分鐘、室溫 30°C
滾水燙麵	煮水沸騰後轉小火 放入麵團燙煮，每面約 30 秒 撈起瀝乾放烤盤
烤前裝飾	表面擠上奶油餅乾皮餡 5 公克 擺上 1 片新鮮番茄片 (0.7 公分厚)
烘烤烤溫	上下火 210/150°C
烘烤時間	16～18 分鐘

基本發酵

1. 請參考 P.110 麵團材料作法，取相對比例的麵團，基本發酵 15 分鐘，室溫 30°C。

分割滾圓

2. 使用刮板分割每個麵團 100 公克。

3. 整圓。

中間發酵

4. 進行中間發酵 20 分鐘，室溫 30°C。

整形

5. 發酵好麵團取出，擺橫的，擀開成長方形。

6. 翻面，底部壓扁。

7. 鋪上油漬番茄乾 20 公克。

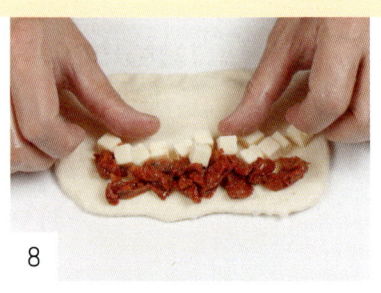

8. 鋪上高熔點乳酪丁 15 公克。

9. 由上往下捲起。

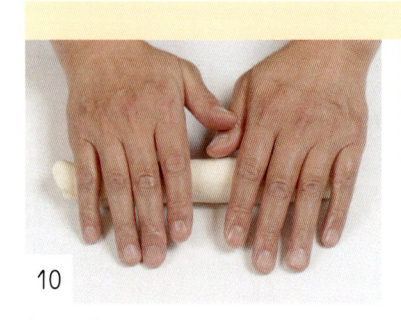

10. 搓緊實。

11. 一端用剪刀剪開約 3 公分。

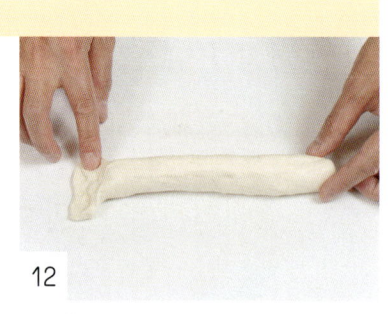

12. 壓扁。

/ 軟貝果　Soft Bagel /

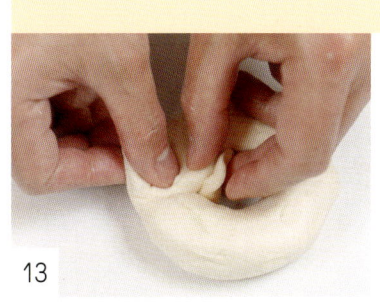

13 兩端接起來。

14 包起，捏緊。

最後發酵

15 進行最後發酵 40 鐘，室溫 30°C。

16 發酵好麵團膨脹 1.5 倍大。

滾水燙麵

17 煮一鍋滾水沸騰後轉小火，放入貝果，兩面皆燙 30 秒。

18 撈起，瀝乾。

烤前裝飾

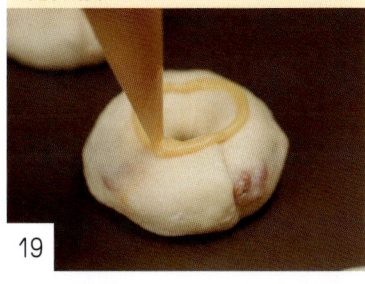

19 放上烤盤，表面擠上奶油餅乾皮餡 5 公克。

20 擺上 1 片番茄片 (厚度約 0.7 公分)。

放入烤箱

21 進烤箱上下火 210/150°C，烤 16～18 分鐘。

139

吐司

Bread

141

Soft White Bread Dough

生吐司麵團

材料	%
高筋麵粉	100
細砂糖	10
鹽	1.8
低糖乾酵母粉	1.2
動物性鮮奶油	20
水	45
煉乳	5
湯種	10
無鹽奶油	10
合計	**203**

中心溫度	25°C
基本發酵	60 分鐘、室溫 30°C

/ 吐司 Bread /

材料放入攪拌缸中

1. 高筋麵粉、細砂糖、鹽放入攪拌缸中,慢速先拌勻。

2. 再加入低糖乾酵母粉、動物性鮮奶油、水。

3. 加入煉乳。

加入湯種

4. 使用勾狀,慢速攪拌成團,成團後加入湯種,轉快速攪拌均勻

薄膜狀態

5. 確認麵團狀態,形成薄膜。

加入無鹽奶油

6. 加入無鹽奶油。

7. 用麵團將奶油包起來,快速攪拌。

延展狀態

8. 確認麵團狀態,有延展性且光滑麵團。

基本發酵

9. 中心溫度 25℃,放入室溫 30℃,基本發酵 60 分鐘。

143

Soft White Bread

生吐司

材料	%
生吐司麵團 P.142 材料作法	203
合計	**203**

吐司模具	450 公克吐司模具
基本發酵	60 分鐘、室溫 30°C
分割重量	260 公克
中間發酵	20 分鐘、室溫 30°C
整型	麵團擀開翻面捲起，鬆弛 5 分鐘 豎放再擀開翻面 由上往下捲起，2 個麵團為一組 放入吐司模具中
最後發酵	60～70 分鐘、室溫 32～35°C
烤前裝飾	帶蓋烤焙
烘烤烤溫	上下火 200/210°C
蒸氣時間	3 秒
烘烤時間	27～32 分鐘

/ 吐司 Bread /

基本發酵

1

請參考 P.142 材料作法,取相對比例的麵團基本發酵 60 分鐘,室溫 30°C。

分割滾圓、中間發酵

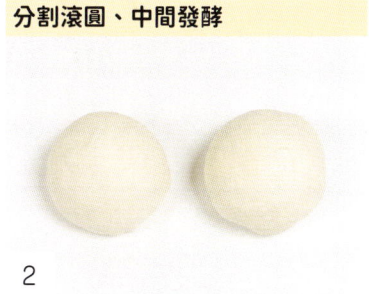

2

分割每個麵團 260 公克重,滾圓,中間發酵 20 分鐘,室溫 30°C。

擀捲第一次

3

發酵好麵團取出,沾上高筋麵粉。

4

擀開,翻面,底部壓扁。

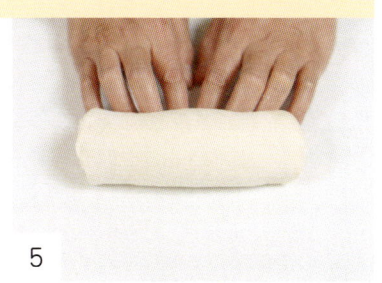

5

由上往下捲起,鬆弛 5 分鐘。

擀捲第二次

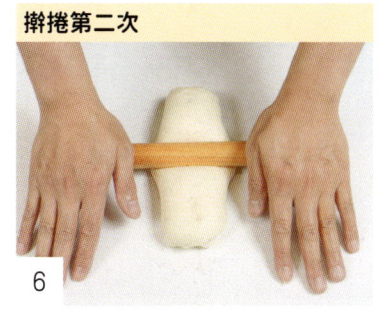

6

擺直的,擀開。

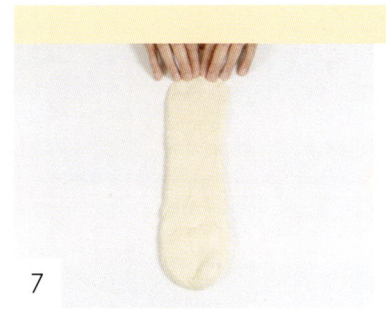

7

翻面,底部壓扁。

8

由上往下捲起,收口處捏緊。

最後發酵

9

2 個一組放入模具,最後發酵 60～70 鐘,室溫 32～35°C。

放入烤箱

10

發酵好麵團,膨脹 2 倍大。

11

蓋上蓋子。

12

進烤箱上下火 200/210°C,先噴蒸氣 3 秒,烤 27～32 分鐘,出爐、輕敲脫模。

Black Olive Cheese Bread
黑橄欖奶酪吐司

材料	%
生吐司麵團 P.142 材料作法	203
黑橄欖丁	17
合計	**220**

內餡	
高熔點乳酪丁	50 公克 / 每個

出爐裝飾	
橄欖油	適量
義式香料	適量

吐司模具	450 公克吐司模具
基本發酵	60 分鐘、室溫 30°C
分割重量	450 公克
中間發酵	20 分鐘、室溫 30°C
整型	麵團擀開翻面 包入高熔點乳酪丁 50 公克 捲起成短棍狀，放入吐司模具中
最後發酵	60～70 分鐘、室溫 32～35°C
烘烤烤溫	上下火 170/210°C
蒸氣時間	3 秒
烘烤時間	27～32 分鐘
出爐裝飾	表面刷上橄欖油、撒上義式香料

/ 吐司 Bread /

製作黑橄欖吐司麵團、基本發酵

1 請參考 P.142 材料作法,取相對比例的麵團。

2 麵團和黑橄欖丁放入缸中,拌勻,取出,基本發酵 60 分鐘,室溫 30℃。

分割、中間發酵

3 分割每個麵團 450 公克重,整成橄欖型,中間發酵 20 分鐘,室溫 30℃。

整形

4 發酵好麵團沾上高筋麵粉輕拍排氣。

5 擀開,翻面,底部壓扁。

6 鋪上高熔點乳酪丁 50 公克,輕輕壓緊。

7 由上往下捲起,收口處捏緊。

最後發酵

8 放入模具,最後發酵 60～70 鐘,室溫 32～35℃。

9 發酵好麵團,約 7～8 分高。

放入烤箱

10 進烤箱上下火 170/210℃,先噴蒸氣 3 秒,烤 27～32 分鐘。

出爐裝飾

11 出爐輕敲脫模,表面刷上橄欖油。

12 撒上義式香料。

Taro Salted Egg Yolk Bread

芋泥鹹蛋黃吐司

材料	%
生吐司麵團 P.142 材料作法	203
合計	**203**

內餡	
芋泥餡	70 公克 / 每個
鹹蛋黃丁	60 公克 / 每個

烤前裝飾	
沙拉醬	5 公克 / 每個
乳酪絲	30 公克 / 每個

吐司模具	450 公克吐司模具
基本發酵	50 分鐘、室溫 30°C
分割重量	450 公克
中間發酵	20 分鐘、室溫 30°C
整型	麵團擀開翻面 抹上芋泥餡 70 公克 鋪上鹹蛋黃丁 60 公克 捲起成短棍狀，對半切開 切面朝上放入吐司模具中
最後發酵	50～60 分鐘、室溫 32～35°C
烤前裝飾	表面擠上沙拉醬 5 公克 撒上乳酪絲 30 公克
烘烤烤溫	上下火 170/210°C
烘烤時間	27～35 分鐘

/ 吐司 Bread /

基本發酵

1
請參考 P.142 材料作法,取相對比例的麵團基本發酵 50 分鐘,室溫 30°C。

分割滾圓、中間發酵

2
分割每個麵團 450 公克重,滾圓,中間發酵 20 分鐘,室溫 30°C。

整形

3
發酵好麵團取出,沾上高筋麵粉。

4
擀開,翻面,底部壓扁。

5
抹上芋泥餡 70 公克。

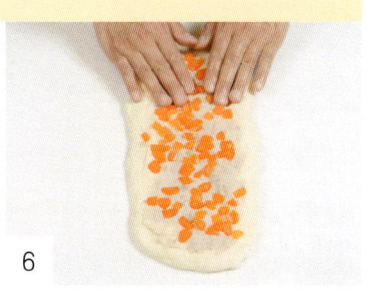

6
鋪上鹹蛋黃丁 60 公克,輕輕壓緊。

7
由上往下捲起,收口處捏緊。

8
使用刮板從中心切開。

最後發酵

9
放入模具,最後發酵 50～60 鐘,室溫 32～35°C。

10
發酵好麵團,約 7～8 分高。

烤前裝飾

11
表面擠上沙拉醬 5 公克、撒上乳酪絲 30 公克。

放入烤箱

12
進烤箱上下火 170/210°C,烤 27～35 分鐘,出爐、輕敲脫模。

149

Red Bean Dried Pork Floss Bread

紅豆肉鬆吐司

材料	%
生吐司麵團 P.142 材料作法	203
合計	**203**

內餡	
紅豆餡	70 公克 / 每個
肉鬆	25 公克 / 每個

裝飾	
黑芝麻粒	適量

吐司模具	450 公克吐司模具
基本發酵	50 分鐘、室溫 30°C
分割重量	450 公克
中間發酵	20 分鐘、室溫 30°C
整型	麵團擀開翻面 抹上紅豆餡 70 公克 鋪上肉鬆 25 公克 捲起成短棍狀 表面噴水沾上黑芝麻粒適量 表面割 4 刀，放入吐司模具中
最後發酵	60～70 分鐘、室溫 32～35°C
烘烤烤溫	上下火 170/210°C
蒸氣時間	3 秒
烘烤時間	27～35 分鐘

/ 吐司 Bread /

基本發酵

1

請參考 P.142 材料作法,取相對比例的麵團基本發酵 50 分鐘,室溫 30°C。

分割滾圓、中間發酵

2

分割每個麵團 450 公克重,滾圓,中間發酵 20 分鐘,室溫 30°C。

整形包餡

3

發酵好麵團取出,沾上高筋麵粉。

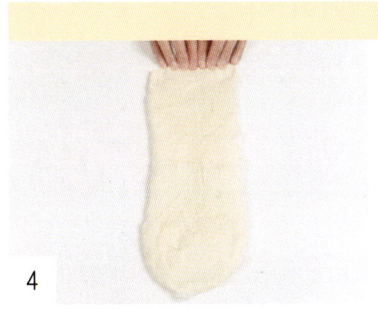

4

擀開,翻面,底部壓扁。

5

抹上紅豆餡 70 公克。

6

鋪上肉鬆 25 公克,輕輕壓緊。

7

由上往下捲起,收口處捏緊。

8

收口朝下,表面噴水。

9

沾上黑芝麻粒適量。

10

表面斜切 4 刀。

最後發酵

11

放入模具,最後發酵 60～70 鐘,室溫 32～35°C,發酵好麵團約 7～8 分高。

放入烤箱

12

進烤箱上下火 170/210°C,先噴蒸氣 3 秒,烤 27～35 分鐘,出爐、輕敲脫模。

151

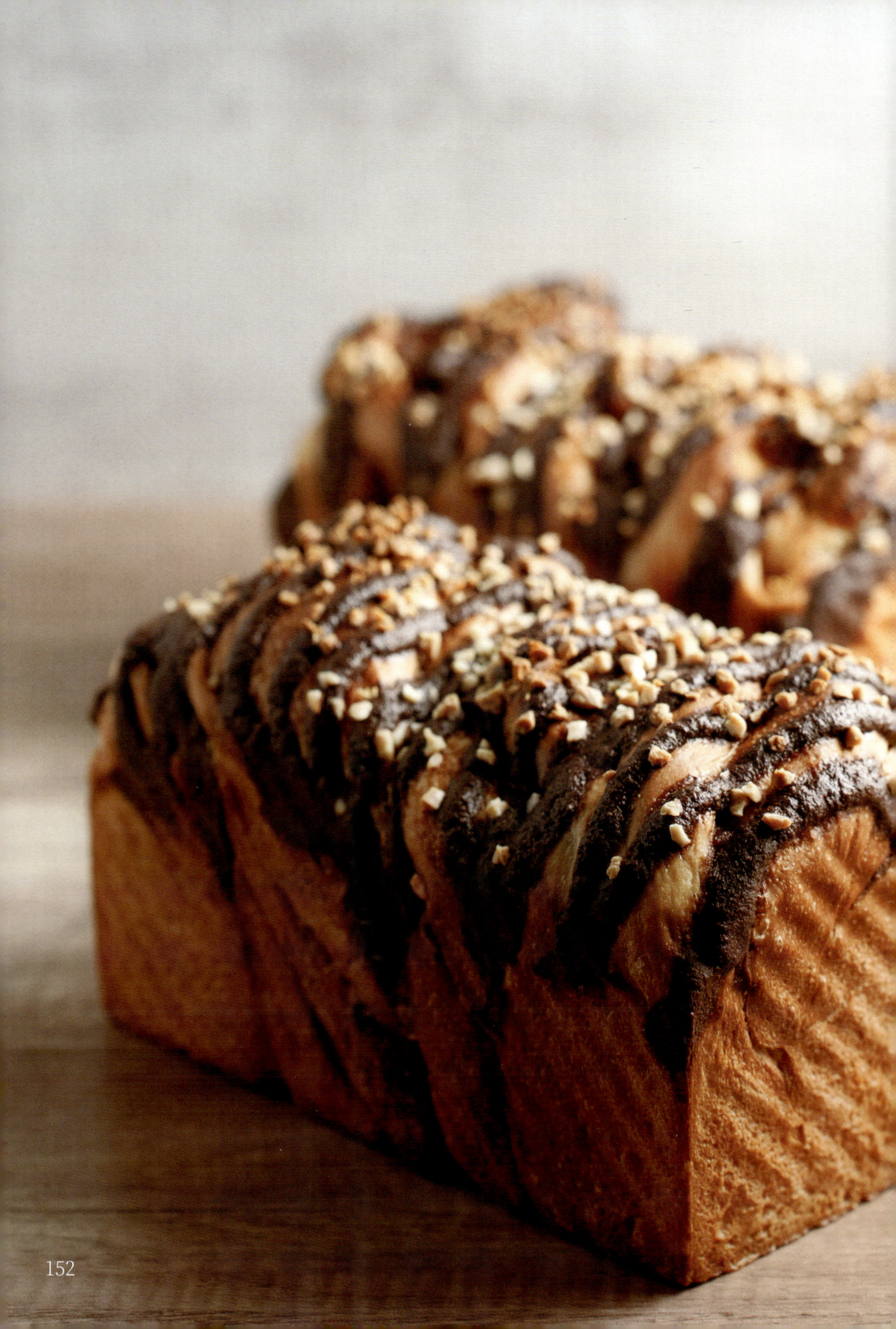

/ 吐司 Bread /

Cinnamon Fig Bread

肉桂無花果吐司

材料	%
生吐司麵團 P.142 材料作法	203
合計	**203**

內餡	
無鹽奶油	25 公克 / 每個
肉桂粉	適量
細砂糖	10 公克 / 每個
無花果乾丁	50 公克 / 每個

烤前裝飾	
黑巧杏仁醬 P.12 材料作法	40 公克 / 每個
杏仁角	5 公克 / 每個

吐司模具	450 公克吐司模具
基本發酵	50 分鐘、室溫 30°C
分割重量	450 公克
中間發酵	20 分鐘、室溫 30°C
整型	麵團擀開翻面 抹上無鹽奶油、撒上肉桂粉 撒上細砂糖、鋪上無花果乾丁 捲起成短棍狀，鬆弛 10 分鐘 豎放從中間切開 切面朝上打辮子 放入吐司模具中
最後發酵	50～60 分鐘、室溫 32～35°C
烤前裝飾	表面擠上 線條狀黑巧杏仁醬 40 公克 撒上杏仁角 5 公克
烘烤烤溫	上下火 170/210°C
烘烤時間	27～32 分鐘

基本發酵

1
請參考 P.142 麵團材料作法，取相對比例的麵團，基本發酵 50 分鐘，室溫 30°C。

分割滾圓

2
使用刮板分割每個麵團 450 公克。

3
整圓。

中間發酵

4
進行中間發酵 20 分鐘，室溫 30°C。

整形

5
發酵好麵團取出，沾上高筋麵粉。

6
擀開。

7
翻面，底部壓扁。

8
抹上無鹽奶油 25 公克。

9
撒上適量肉桂粉。

10
撒上細砂糖 10 公克。

11
鋪上無花果乾丁 50 公克。

12
由上往下捲起。

13 收口處捏緊實。	14 放置室內鬆弛 10 分鐘。	15 從中心切開，頂端不切斷。
16 切面朝上。	17 交叉繞打辮子。	18 收口處捏緊。

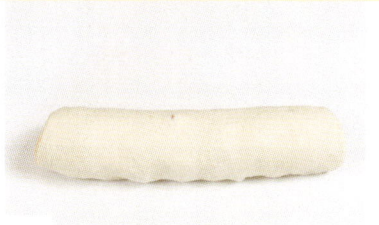

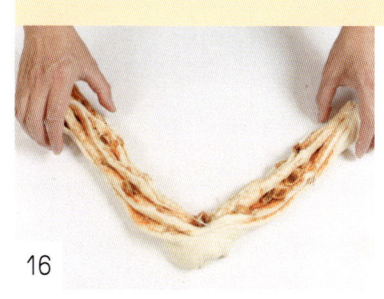

最後發酵

		烤前裝飾
19 放入模具，最後發酵 50～60 鐘，室溫 32～35°C。	20 發酵好麵團，約 7～8 分高。	21 擠上黑巧杏仁醬 40 公克。

	放入烤箱	
22 撒上杏仁角 5 公克。	23 進烤箱上下火 170/210°C，烤 27～32 分鐘。	24 出爐、輕敲脫模。

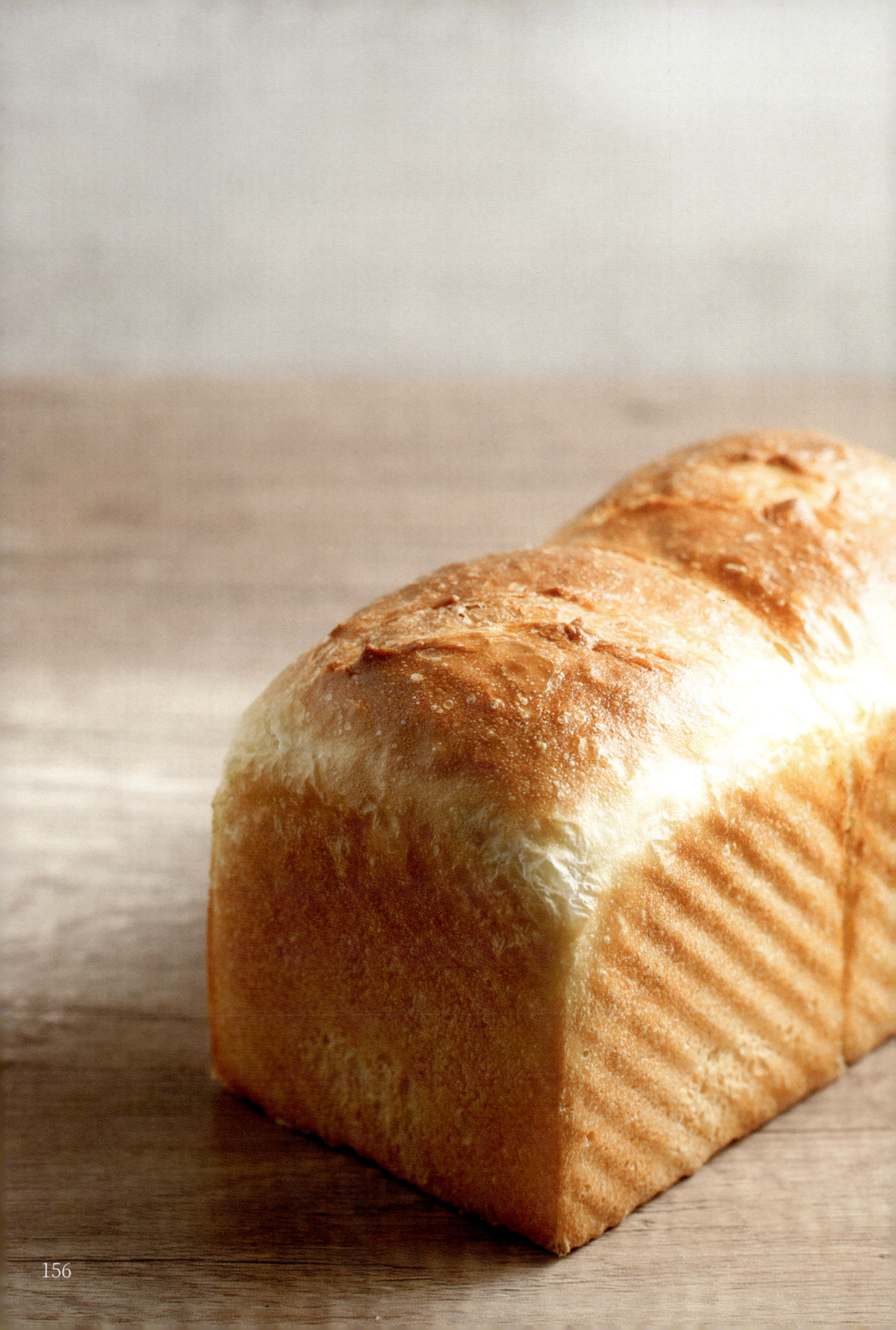

/ 吐司 Bread /

French Crispy Bread

法式脆皮吐司

材料	%
高筋麵粉	50
法式粉	50
細砂糖	3
鹽	1.8
全脂奶粉	3
低糖乾酵母粉	1
水	68
老麵	20
無鹽奶油	4
合計	**200.8**

烤前裝飾	
無鹽奶油	2 公克 / 每個

吐司模具	450 公克吐司模具
中心溫度	25°C
基本發酵	60 分鐘、室溫 30°C
延續發酵	30 分鐘、室溫 30°C
分割重量	250 公克
中間發酵	30 分鐘、室溫 30°C
整型	麵團輕拍排氣收緊 底部捏緊整圓球狀 2 個一組放入吐司模具中
最後發酵	60～80 分鐘、室溫 32～35°C
烤前裝飾	表面斜切 2 刀 擠上無鹽奶油 2 公克
烘烤烤溫	上下火 200/210°C
蒸氣時間	3 秒
烘烤時間	27～29 分鐘

製作脆皮吐司麵團

1 高筋麵粉、法式粉、細砂糖、鹽、全脂奶粉放入攪拌缸中,先攪拌均勻。

2 加入低糖乾酵母粉。

3 加入水,使用勾狀,慢速攪拌成團。

4 加入老麵、無鹽奶油,轉快速攪拌均勻。

5 確認麵團狀態,有延展性且光滑麵團。

基本發酵

6 中心溫度 25°C,放入室溫 30°C,基本發酵 60 分鐘。

翻面

7 輕壓排氣。

8 其中一邊往中間折起。

9 另一邊也往中間折起。

10 由下往上折起。

延續發酵

11 放上烤盤,延續發酵 30 分鐘,室溫 30°C。

分割滾圓

12 使用刮板分割每個麵團 250 公克。

/ 吐司 Bread /

中間發酵

13
進行中間發酵 30 分鐘，室溫 30°C。

整形

14
發酵好麵團沾上高筋麵粉。

15
折起。

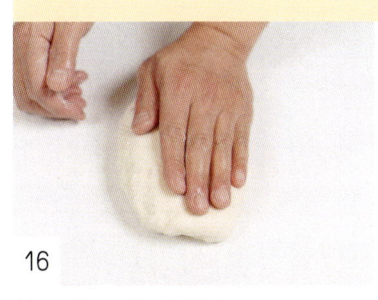

16
轉直的，輕拍排氣。

17
翻面捲起。

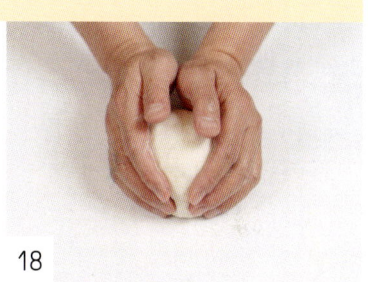

18
整圓。

19
底部捏緊。

最後發酵

20
2 個一組放入模具，最後發酵 60～80 鐘，室溫 32～35°C。

21
發酵好麵團，約 7～8 分高。

烤前裝飾

22
表面斜切 2 刀。

23
擠入無鹽奶油 2 公克。

放入烤箱

24
進烤箱上下火 200/210°C，先噴蒸氣 3 秒，烤 27～29 分鐘，出爐、輕敲脫模。

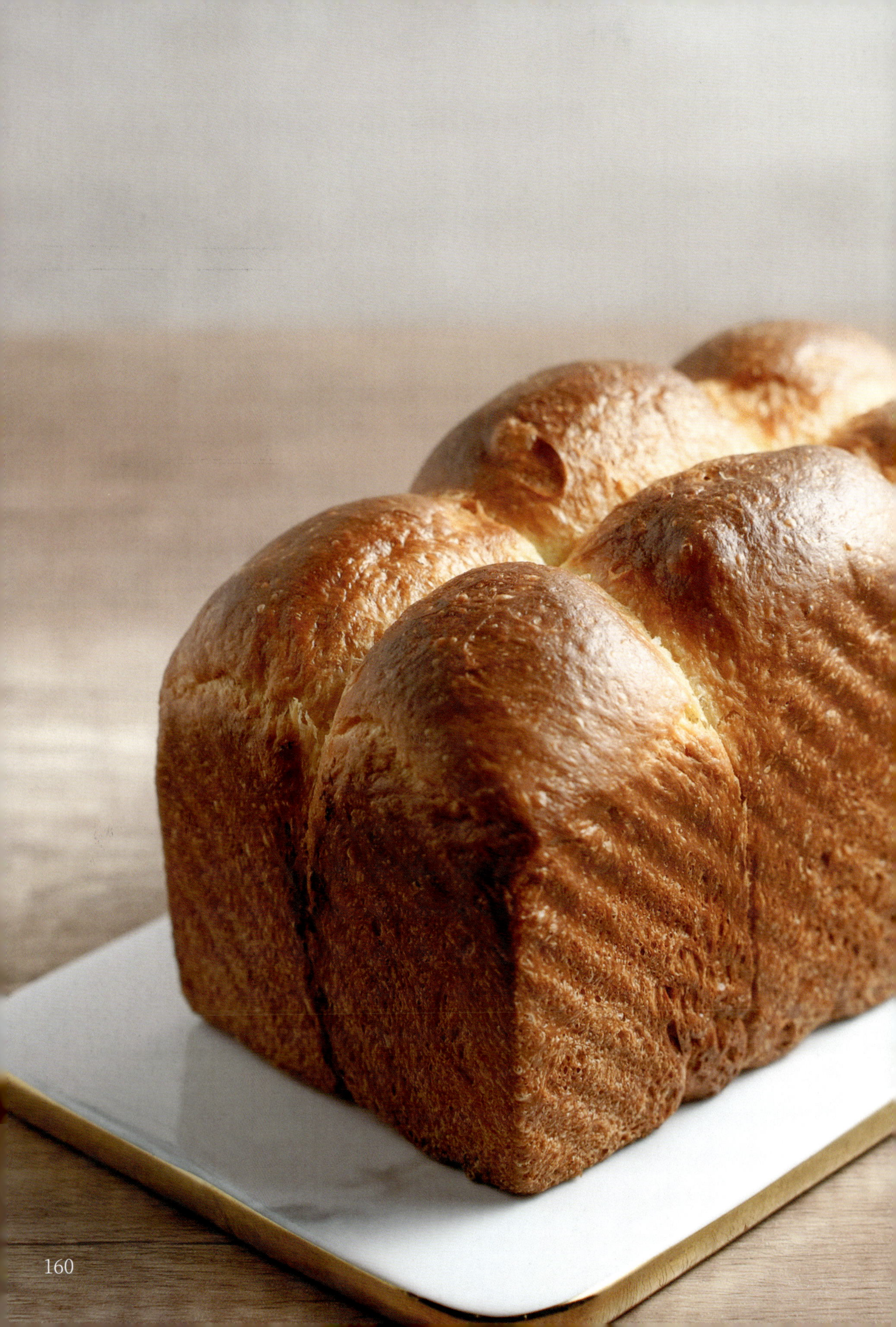

/ 吐司 Bread /

Brioche Bread

布里歐吐司

材料	%
高筋麵粉	100
細砂糖	10
鹽	2
低糖乾酵母粉	1.5
動物性鮮奶油	30
蛋黃	40
無鹽奶油	35
合計	**218.5**

烤前裝飾	
無鹽奶油	5 公克 / 每個

吐司模具	450 公克吐司模具
中心溫度	25°C
基本發酵	60 分鐘、室溫 30°C
分割重量	80 公克
中間發酵	20 分鐘、室溫 30°C
整型	麵團輕拍排氣收緊 底部捏緊整圓球狀 6 個一組放入吐司模具中
最後發酵	70～80 分鐘、室溫 32～35°C
烤前裝飾	中間處擠上無鹽奶油 5 公克
烘烤烤溫	上下火 170/210°C
烘烤時間	27～29 分鐘

161

製作布里歐吐司麵團

1. 高筋麵粉、細砂糖、鹽放入攪拌缸中,先攪拌均勻。
2. 加入低糖乾酵母粉。 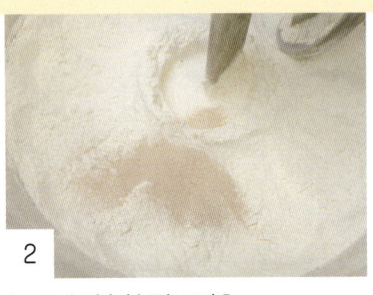
3. 加入動物性鮮奶油。 
4. 加入蛋黃使用勾狀,慢速攪拌成團。 
5. 確認麵團狀態,形成薄膜。 
6. 加入無鹽奶油,攪拌均勻。 
7. 確認麵團狀態,有延展性且光滑麵團。 

基本發酵

8. 中心溫度 25℃,放入室溫 30℃,基本發酵 60 分鐘。

分割滾圓

9. 使用刮板分割每個麵團 80 公克。

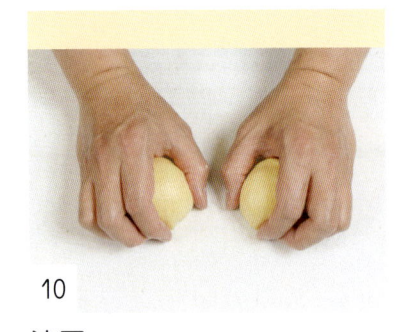

10. 滾圓。

中間發酵

11. 進行中間發酵 20 分鐘,室溫 30℃。

整形

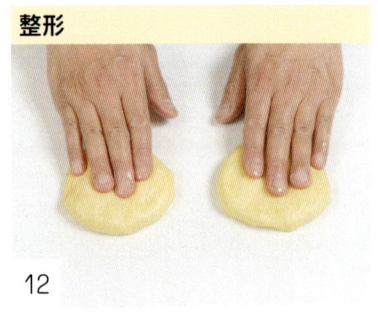

12. 輕壓排氣。

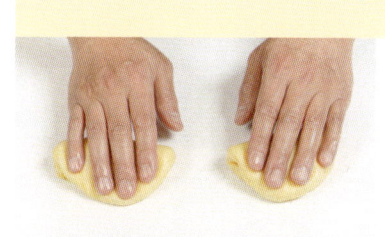

/ 吐司 Bread /

13 翻面、折起。

14 滾圓。

15 底部捏緊。

最後發酵

16 6 個一組放入模具,最後發酵 70 ～ 80 鐘,室溫 32 ～ 35°C。

17 發酵好麵團,約 7 ～ 8 分高。

烤前裝飾

18 中間擠無鹽奶油 5 公克。

19 進烤箱上下火 170/210°C。

放入烤箱

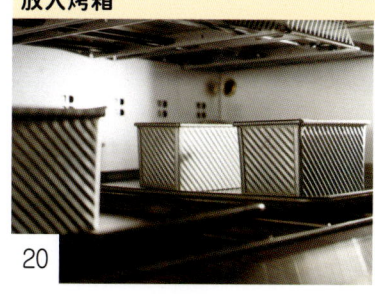

20 烤 27 ～ 29 分鐘。

21 出爐、輕敲脫模。

163

軟鹼水麵包

Soft Pretzel

165

Soft Pretzel Dough

軟鹼水麵包麵團

材料	%
高筋麵粉	100
細砂糖	6
鹽	1.8
低糖乾酵母粉	1
水	55
無鹽奶油	3
合計	**166.8**

中心溫度	25°C

/ 軟鹼水麵包　Soft Pretzel /

材料放入攪拌缸中

1
高筋麵粉、細砂糖、鹽、低糖乾酵母粉、無鹽奶油放入攪拌缸中。

2
加入水，使用勾狀，慢速攪拌成團。

延展狀態

3
確認麵團狀態，延展有薄膜狀態。

完成麵團

4
中心溫度 25°C，可直接使用。

167

Almond Pistachio Pretzel

杏仁開心果鹼水麵包

材料	%
軟鹼水麵包麵團 P.166 材料作法	166.8
合計	**166.8**

內餡	
開心果杏仁奶油 P.15 材料作法	20 公克 / 每個

分割重量	100 公克
中間發酵	15 分鐘、室溫 30°C
整型	麵團輕拍排氣，擀開翻面 抹開心果杏仁奶油 20 公克 由上往下捲成短棍狀
最後發酵	20 分鐘、室溫 30°C 冷凍 60 分鐘定型
浸泡鹼水	參考鹼水製作 P.15 麵團浸泡約 30 秒 撈起瀝乾放烤盤
烤前裝飾	表面割 2 刀
烘烤烤溫	上下火 220/150°C
烘烤時間	12～15 分鐘

/ 軟鹼水麵包　Soft Pretzel /

鹼水麵團
1 請參考 P.166 材料作法，取相對比例的麵團，不須基本發酵可直接使用。

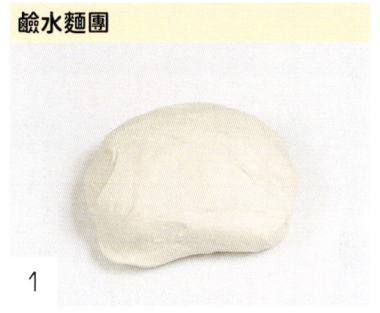

分割滾圓、中間發酵
2 分割每個麵團 100 公克重，滾圓，中間發酵 15 分鐘，室溫 30°C。

整形包餡
3 發酵好麵團取出，輕拍排氣。

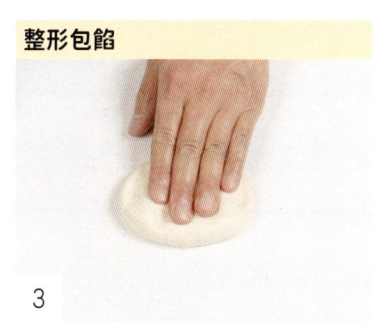

4 擀開。

5 翻面，底部壓扁。

6 抹上開心果杏仁奶油餡 20 公克。

7 由上往下捲起。

最後發酵、冷凍定型
8 收口捏緊，最後發酵 20 分鐘室溫 30°C，再冷凍 60 分鐘。

浸泡鹼水
9 放入鹼水中浸泡 30 秒。

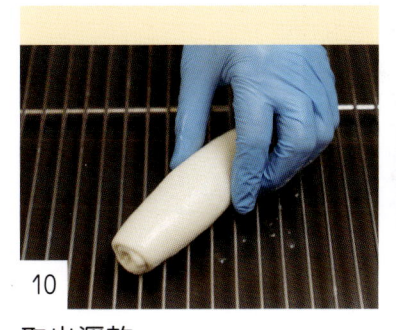

10 取出瀝乾。

烤前裝飾
11 放上烤盤，斜切 2 刀。

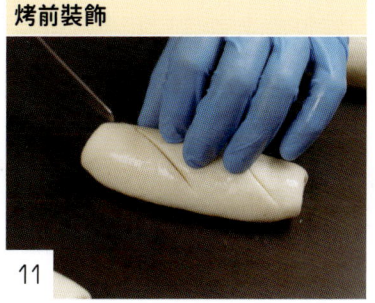

放入烤箱
12 進烤箱上下火 220/150°C，烤 12～15 分鐘。

169

Red Bean Pretzel

紅豆鹼水麵包

材料	%
軟鹼水麵包麵團 P.166 材料作法	166.8
合計	**166.8**

內餡	
紅豆餡	25 公克 / 每個

烤前裝飾	
黑芝麻粒	適量

分割重量	100 公克
中間發酵	15 分鐘、室溫 30°C
整型	麵團輕拍排氣，擀開翻面 抹紅豆餡 25 公克 由上往下捲成短棍狀
最後發酵	20 分鐘、室溫 30°C 冷凍 60 分鐘定型
浸泡鹼水	參考鹼水製作 P.15 麵團浸泡約 30 秒 撈起瀝乾放烤盤
烤前裝飾	表面撒上黑芝麻粒，剪 3 刀
烘烤烤溫	上下火 220/150°C
烘烤時間	12～15 分鐘

/ 軟鹼水麵包　Soft Pretzel /

鹼水麵團

1. 請參考 P.166 材料作法，取相對比例的麵團，不須基本發酵可直接使用。

分割滾圓、中間發酵

2. 分割每個麵團 100 公克重，滾圓，中間發酵 15 分鐘，室溫 30°C。

整形包餡

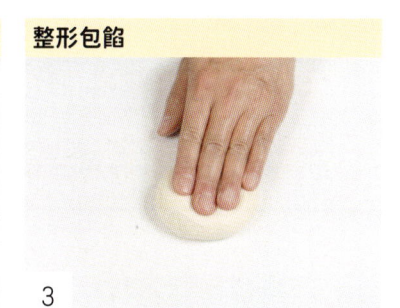

3. 發酵好麵團取出，輕拍排氣。

4. 擀開。

5. 翻面，底部壓扁。

6. 抹上紅豆餡 25 公克。

7. 由上往下捲起。

最後發酵、冷凍定型

8. 收口捏緊，最後發酵 20 分鐘室溫 30°C，再冷凍 60 分鐘。

浸泡鹼水

9. 放入鹼水中浸泡 30 秒。

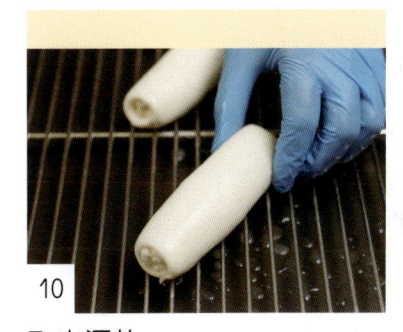

10. 取出瀝乾。

烤前裝飾

11. 放上烤盤，撒上黑芝麻，用剪刀斜剪 3 刀。

放入烤箱

12. 進烤箱上下火 220/150°C，烤 12～15 分鐘。

171

Ham Cheese Pretzel

火腿芝士鹼水麵包

材料	%
軟鹼水麵包麵團 P.166 材料作法	166.8
合計	**166.8**

內餡	
高熔點乳酪丁	20 公克 / 每個

烤前裝飾	
沙拉醬	5 公克 / 每個
火腿片	半片 / 每個

分割重量	100 公克
中間發酵	15 分鐘、室溫 30°C
整型	輕拍排氣 包高熔點乳酪丁 20 公克 包起底部捏緊成圓球狀
最後發酵	20 分鐘、室溫 30°C 冷凍 60 分鐘定型
浸泡鹼水	參考鹼水製作 P.15 麵團浸泡約 30 秒 撈起瀝乾放烤盤
烤前裝飾	表面剪十字型
烘烤烤溫	上下火 220/150°C
烘烤時間	12～15 分鐘
出爐裝飾	橫切開 抹上沙拉醬、擺入半片火腿片

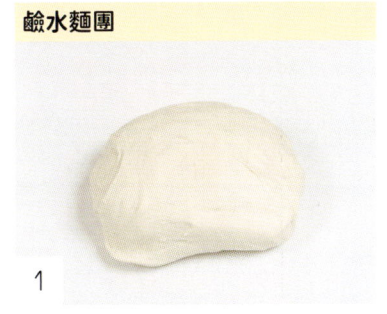

/ 軟鹼水麵包 Soft Pretzel /

鹼水麵團	分割滾圓、中間發酵	整形包餡
1	2	3
請參考 P.166 材料作法，取相對比例的麵團，不須基本發酵可直接使用。	分割每個麵團 100 公克重，滾圓，中間發酵 15 分鐘，室溫 30°C。	發酵好麵團取出，輕拍排氣。

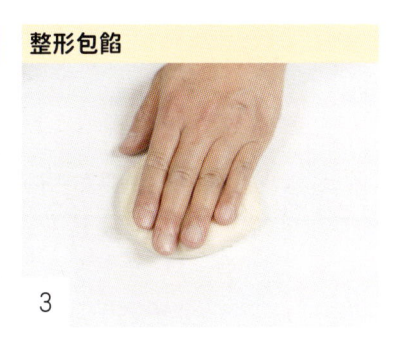

	最後發酵、冷凍定型	浸泡鹼水
4	5	6
包入高熔點乳酪丁 20 公克。	底部捏緊，最後發酵 20 分鐘室溫 30°C，再冷凍 60 分鐘。	放入鹼水中浸泡 30 秒。

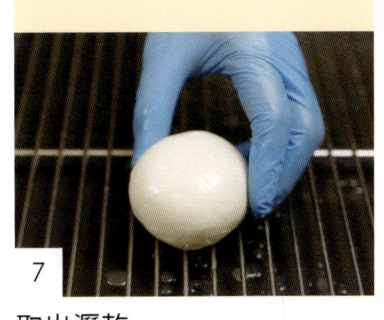

	烤前裝飾	放入烤箱
7	8	9
取出瀝乾。	放上烤盤，用剪刀剪十字。	進烤箱上下火 220/150°C，烤 12～15 分鐘。

出爐裝飾		
10	11	12
橫的切開。	抹上適量沙拉醬。	放入半片火腿片。

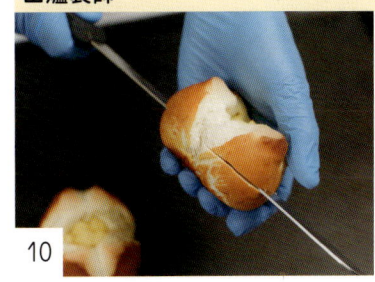

Butter Cheese Pretzel

黃油奶酪鹼水麵包

材料	%
軟鹼水麵包麵團	166.8
合計	**166.8**

內餡	
奶油乳酪	15 公克 / 每個

出爐裝飾	
有鹽奶油	10 公克 / 每個

分割重量	100 公克
中間發酵	15 分鐘、室溫 30°C
整型	輕拍排氣 包奶油乳酪 15 公克 包起底部捏緊成圓球狀
最後發酵	20 分鐘、室溫 30°C 冷凍 60 分鐘定型
浸泡鹼水	參考鹼水製作 P.15 麵團浸泡約 30 秒 撈起瀝乾放烤盤
烤前裝飾	表面剪 1 刀
烘烤烤溫	上下火 220/150°C
烘烤時間	12～15 分鐘
出爐裝飾	橫切開 夾入一片有鹽奶油 10 公克

/ 軟鹼水麵包　Soft Pretzel /

鹼水麵團

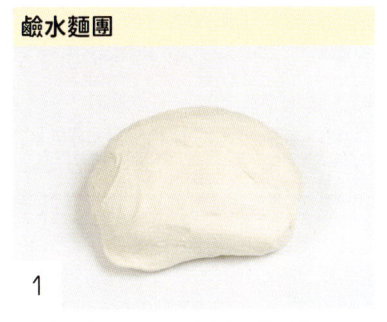

1. 請參考 P.166 材料作法,取相對比例的麵團,不須基本發酵可直接使用。

分割滾圓、中間發酵

2. 分割每個麵團 100 公克重,滾圓,中間發酵 15 分鐘,室溫 30°C。

整形包餡

3. 發酵好麵團取出,輕拍排氣。

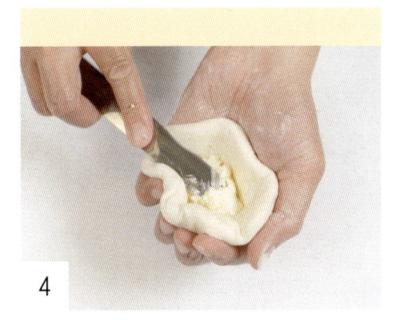

4. 包入奶油乳酪 15 公克。

最後發酵、冷凍定型

5. 底部捏緊,最後發酵 20 分鐘室溫 30°C,再冷凍 60 分鐘。

浸泡鹼水

6. 放入鹼水中浸泡 30 秒。

7. 取出瀝乾。

烤前裝飾

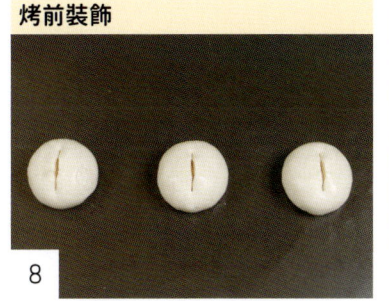

8. 放上烤盤,用剪刀剪 1 刀。

放入烤箱

9. 進烤箱上下火 220/150°C,烤 12～15 分鐘。

出爐裝飾

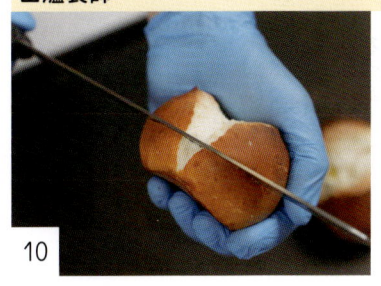

10. 橫的切開。

11. 夾入 1 片有鹽奶油 10 公克。

12. 完成。

175

餐桌上的
生軟歐麵包

不 僅 是 食 物 ， 更 是 一 種 生 活 藝 術

餐桌上的生軟歐麵包：不僅是食物更是一種生活藝術 / 林育瑋著. -- 一版 [新北市]
上優文化事業有限公司, 2025.06
176 面；19 × 26 公分. -- (烘焙生活；59)
ISBN 978-626-98932-9-4 (平裝)

1.CST: 麵包 2.CST: 點心食譜

427.16　　　　　　　　　　　　　　　　114003545

作　　　者	林育瑋
總　編　輯	薛永年
美 術 總 監	馬慧琪
文 字 編 輯	董書宜
美 術 編 輯	董書宜
攝　　　影	王隼人
場 地 贊 助	金品咖啡　赫曼咖啡　新竹市東區千甲路 5 號
廠 商 贊 助	本書使用總統牌無鹽奶油、有鹽奶油 感謝聯馥食品股份有限公司贊助提供
出 版 者	上優文化事業有限公司 電話　(02)8521-3848　／　傳真　(02)8521-6206 信箱　8521book@gmail.com（如任何疑問請聯絡此信箱洽詢） 官網　http://www.8521book.com.tw 粉專　http://www.facebook.com/8521book/

|上優好書網| |粉絲專頁|

印　　　刷	鴻嘉彩藝印刷股份有限公司
業 務 副 總	林啟瑞　電話 0988-558-575
總 經 銷	紅螞蟻圖書有限公司 電話　(02)2795-3656　／　傳真　(02)2795-4100 地址　台北市內湖區舊宗路二段 121 巷 19 號
網 路 書 店	博客來網路書店　www.books.com.tw
版　　　次	一版一刷：2025 年 6 月
定　　　價	480 元

Printed in Taiwan 版權所有・翻印必究
書若有破損缺頁，請寄回本公司更換

本著作之中文繁體字版經福建科學技術出版社有限責任公司授予上優文化事業有限公司
在港澳臺地區獨家發行。非經書面同意，不得以任何形式，任意重製轉載。